新型职业农民培训系列教材

——果树系列

梨标准化栽培技术

房师梅　主编

中国农业大学出版社
·北京·

内 容 简 介

本书着重介绍梨标准化生产技术，内容主要包括梨的优良品种特性与结果习性，适宜栽培的区域，梨优质壮苗培育技术，梨的建园，梨树的整形修剪，梨的土、肥、水管理技术，花果管理技术，梨树主要病虫害防治技术等，是新型职业农民培育的专用教材，也可作为果树生产技术人员和管理人员培训的教材和参考用书。

图书在版编目(CIP)数据

梨标准化栽培技术/房师梅主编. —北京：中国农业大学出版社，2015.5

ISBN 978-7-5655-1255-1

Ⅰ. ①梨…　Ⅱ. ①房…　Ⅲ. ①梨—果树园艺　Ⅳ. ①S661.2

中国版本图书馆 CIP 数据核字(2014)第 095058 号

书　　名　梨标准化栽培技术
作　　者　房师梅　主编

策划编辑　张　蕊　　责任编辑　张　玉
封面设计　郑　川　　责任校对　王晓凤
出版发行　中国农业大学出版社
社　　址　北京市海淀区圆明园西路 2 号　　邮政编码　100193
电　　话　发行部 010 62818525，8625　　读者服务部 010 62732336
　　　　　编辑部 010 62732617，2618　　出 版 部 010 62733440
网　　址　http://www.cau.edu.cn/caup　　e-mail cbsszs @ cau.edu.cn
经　　销　新华书店
印　　刷　北京俊林印刷有限公司
版　　次　2015 年12月第 1 版　2015 年12月第 1 次印刷
规　　格　850×1 168　32 开本　5.625 印张　140 千字
定　　价　18.00 元

编审人员

主　编　房师梅

副主编　吴红正　陈美霞　黄向荣

参　编　丁雪珍　肖秀丽　王洪波　王　裕

主　审　曹春英　王青立　陈肖安

编写说明

农民是农业生产经营主体。开展农民教育培训，提高农民综合素质、生产技能和经营能力，是发展现代农业和建设社会主义新农村的重要举措。党中央、国务院高度重视农民教育培训工作，提出了“大力培育新型职业农民”的历史任务。为贯彻落实中央的战略部署，提高农民教育培训质量，同时也为各地培育新型职业农民提供基础保障——高质量教材，遵循农民教育培训的基本特点和规律，编写了《梨标准化栽培技术》培育教材。

《梨标准化栽培技术》是新型职业农民培育系列教材之一。该教材以问答方式重点介绍梨标准化生产技术，包括梨的优良品种特性与结果习性，适宜栽培的区域，梨优质壮苗培育技术，梨的建园，梨树的整形修剪，梨的土、肥、水管理技术，花果管理技术，梨树主要病虫害防治技术等内容，并重点就梨标准化栽培技术中遇到的问题提出了相应的应对措施和解决办法，涵盖了梨标准化栽培技术的各个环节和关键技术，通俗易懂，具有很强的针对性和实用性，是新型职业农民培育的专用教材，也可作为果树生产技术人员和管理人员培训的教材和参考用书。

本书由潍坊职业学院房师梅副教授、潍坊市高新区统计局吴红正高级工程师、潍坊职业学院陈美霞教授、丁雪珍副教授、肖秀丽副教授、王洪波副教授与王裕讲师共同编写，房师梅担任主编，吴红正、陈美霞、黄向荣担任副主编。

潍坊职业学院曹春英教授、农业部科教司王青立处长与原农业部农民科技教育培训中心陈肖安等同志对教材内容进行了审定，在此一并表示感谢。

由于编者水平有限，加之时间仓促，教材中不妥和错误之处在所难免。衷心希望广大读者提出宝贵意见，以期进一步修订和完善。

编　者

2014 年11 月

目　录

我国是世界上梨树种植面积最大、产量最高的国家。现有梨树种植面积占世界65%以上，产量占53%以上。古人称梨为“百果之宗”，即水果之主的寓意。历史上还有“玉乳”、“蜜父”、“快果”之称。梨成熟于夏秋暑热之季，对一些暑热病有显著的食疗效果，民间“一日一梨，医生远离”的说法传至今日。所以梨是深受广大消费者欢迎的大宗水果之一。

汉中位于陕西南部，北依秦岭，南屏巴山，气候温暖湿润，年均气温14.3℃，降雨量 871.8 mm，年均日照时数1 700 h，极端最低温不超过-11.7℃，被喻为西北“小江南”。据史料记载汉中曾是梨的原产地之一，各县县志记载，有南郑县的“苇池梨”、镇巴县的“凉桥”梨、洋县的“时村”梨等。良好的自然条件是优质商品梨基地建设的适宜区，配套规范化栽培技术就可以作为农业的支柱产业进行发展。

一、梨的主要优良品种

(一) 白梨系统的主要优良品种有哪些?

1. 雪花梨

雪花梨（图 1-1）是河北省土特名产之一，主要分布在河北省中南部，赵县是著名的集中产区，故称“赵州雪花梨”。特点是：果肉洁白如玉，似雪如霜，故称其为雪花梨。果肉细脆而嫩，汁多味甜，果汁含糖量11%～15%，还含有大量的蛋白质、脂肪、果酸、矿物质及多种维生素等营养成分，此梨除生食风味独特外，还可加工成梨罐头、梨脯、梨汁等各具风味的工业食品和饮料，雪花梨还有较高的医用价值，具有清心润肺，利便，止咳，润燥清风，醒酒解毒等功效，中药“梨膏”即是用雪花梨配以中草药熬制而成的。雪花梨是河北省传统的大宗出口水果，在国内外久负盛誉。

图 1-1　雪花梨

2. 京白梨

京白梨是长陵镇传统的名优果品，栽培已有近百年历史，由于金秋成熟，果实金黄，皮薄，肉厚，汁多香甜爽口，深受广大消费者的喜爱。京白梨，又名北京白梨，原产于北京附近，为秋子梨系统中品质最为优良的品种之一，是北京果品中唯一冠以“京”字的地方特色品种。京白梨为蔷薇科植物白梨的果实，呈扁圆形，果汁多，味酸甜，香味浓，含糖量较高，具有生津、润燥、清热、化痰、解酒等作用。2012 年 3 月 13 日，国家质检总局批准对京白梨实施地理标志产品保护。京白梨平均单果重 110 g，大果重可达 200 g 以上；果皮黄绿色，贮藏后变为黄白色，果面平滑有蜡质光泽，果点小而稀；果肉黄白色，肉质中粗而脆，石细胞少，经后熟，果肉变细软多汁，易溶于口，香甜宜人，果心中大；果实8月下旬成熟，不耐贮藏。

图1-2　京白梨

3. 鸭梨

鸭梨为河北省古老地方品种，该品种树势健壮，树皮暗灰褐色，一年生枝黄褐色，多年生枝红褐色，成枝率低。叶片广卵圆形，先端渐尖或突尖，基部圆形或广圆形，果实倒卵圆形，近梗处有鸭头状突起，果面绿黄色，近梗处有锈斑。肉质极细酥脆，清香多汁，味甜微酸，丰产性好，结果早，贮藏后有香气，果实口味稍淡。

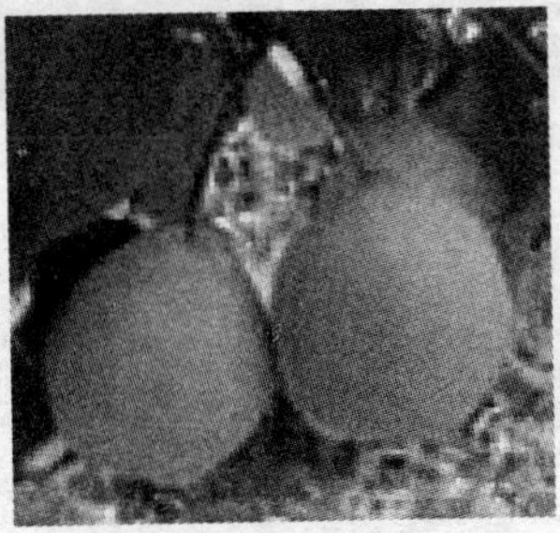

图1-3　鸭梨

4. 莱阳梨

莱阳梨亦称茌梨，因产于莱阳市而得名，是山东省的著名特产之一。多为倒卵形，果实硕大，果皮为黄绿色，莱阳梨表面粗糙，有褐色锈斑，萼部凹入。果肉质地细腻，汁水丰富，口感清脆香甜，是梨中的上品。含糖量高达 9.76%，比一般梨高 2%~3%，并含有各种有机酸、维生素等营养成分。莱阳梨不但是美味的时鲜果品，还可以加工成梨干、梨脯、梨酱、梨罐头等，又可以用来酿酒、酿醋。此外，它还具有清肺、化痰、止咳的功效，用它制作的"莱阳梨膏"、"止咳糖浆"是治疗支气管炎、伤风咳嗽的良药。莱阳梨种植历史悠久，相传起源于400余年前。经过长期的栽培，莱阳梨现在的种植面积已发展到25 000余亩，梨树50多万棵，年均产量在2 500万kg左右。

图 1-4　莱阳梨

（二）沙梨系统有哪些优良品种？

1. 新世纪梨

新世纪梨是日本冈山县农业试验场以 20 世纪梨为父本，长十郎梨为母本，培育的优良中早熟品种。20 世纪 90 年代，引进我国栽培。新世纪梨适应性强，抗逆性强，抗病性强，最大的特点是高抗黑星病，容易栽培。结果早，丰产性好，基本无大小年现象，寿命长，最长的可达 80～100 年。

新世纪梨是继日本水晶梨后培育出来的新品种，产于 7、8 月份。其果实呈苹果状、乳白色，皮薄、核小，肉质细脆，多汁爽口，且无明显石细胞。单果重 250～400 g，含糖量 30%～40%，果品质量好于水晶梨。近两年北京市场有少量销售，最高售价曾达到每千克 150～200 元。北京市顺义区种植实验结果表明：新世纪梨具有高产特性，栽后第二年见果，第五年进入盛果期，亩产可达 3 000 kg 左右。

图 1-5 新世纪梨

2. 水晶梨

韩国从新高枝条芽变选育而成的黄色梨新品种。果实为圆球形或扁圆形，平均单果重 385 g，最大 560 g。果皮近成熟时乳黄色，表面晶莹光亮，有透明感，外观诱人。果肉白色，肉质细腻，致密嫩脆，汁液多，可溶性固形物含量14%，石细胞极少，果心小，味蜜甜，香味浓郁，品质特优。生吃能解除因上呼吸道感染所产生的咽喉干燥痒痛、干咳及烦渴、潮热等阴虚之症。但这种梨梨性寒凉，一次不要吃得过多。脾胃虚弱的人可把梨切块煮水食用。该品种耐贮运，货架寿命长。在西安气候条件下 10 月上中旬成熟。该品种抗寒、抗旱，基本无黑星病、炭疽病、轮纹病发生。宜在我国中西部地区、江淮流域及云贵高原种植。

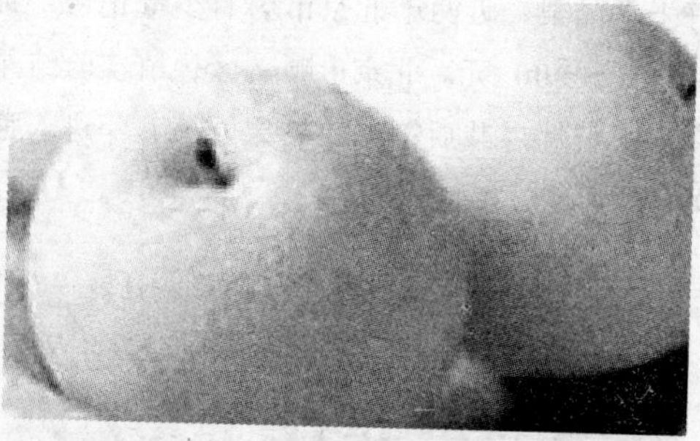

图 1-6　水晶梨

3. 丰水梨

该品种树冠中大，幼树期生长旺，结果后树势中庸，萌芽力高，成枝力弱，成花容易，结果早，以短果枝结果为主，坐果率极高，适应性、抗病力强，易管理，稳产、丰产。丰水梨糖度高，可溶性糖达16°左右，味甜；果肉黄白、细嫩、多汁、石细胞极少，口感好；产量高，果形大，外形美观，1/15 hm^2 产 5 000 kg 以上，单果重达 500 g 以上；果肉耐贮藏，在恒温库里可保存到第二年 8 月份而不变质；自然存放可到春节；适应性广，丘陵、沙滩、平原均可栽培。山东省莱西市有大量种植。

图 1-7　丰水梨

4. 翠冠梨

国内最早成熟的蜜梨新品种，比北方的鸭梨及砀山酥梨早2～3 个月上市。横立山独特的地理位置和气候条件使翠冠梨成熟时间比其他地区早半个月，该品种平均单果重250 g左右，在精细栽培的情况下平均单果重可达325 g，果肉细嫩而松脆，耐贮运，是符合出口标准的早熟梨出口品种。同时，翠冠梨人称“六月雪”，是盛夏解渴的时令佳品，富含多种维生素和钙、磷、铁等微量元素，营养价值高，还具有较高的医用价值。翠冠梨属砂梨系，果实近圆形，果形指数0.96，黄绿色、果肉雪白色，肉质细嫩，柔软多汁，化渣，石细胞极少，味浓甜，可溶性固形物含量12%～14%，品质上等，单果重200 g，最大500 g，果实可食率96%，7 月上中旬上市，果实扁圆，果面洁净，果肉呈白色，果核小肉厚质细嫩爽，汁丰味甜，风味带蜜香，别有滋味，有“百果之宗”的美誉。该品种成熟期早，果实生育期110 d，本地区 7 月下旬成熟，比黄花梨早20 余天，比北方鸭梨早2 个多月；果大，平均果重 230 g 以上，最大可达 450 g。翠冠梨果实近圆形，果个大，平均单果重 230 g，最大单果重 400 g，果实为绿色，套袋果为黄色，果面光滑。果皮薄，果心小，果肉白色，肉质细嫩，汁液多，味甜，品质上等，可溶性固形物含量 12%～13%。生长势明显强于新世纪梨，萌芽率高，成枝力强。易形成花芽，结果早，以长果枝和短果枝结果为主，丰产，在科学管理的条件下大小年结果不明显。一般 3 月中旬萌芽，3 月下旬开花，7 月下旬果实成熟。

图 1-8　翠冠梨

5. 砀山酥梨

所属植物界，属蔷薇科，原产于安徽省砀山，是古老的地方优良品种。该品种有 4 个品系，即白皮酥、青皮酥、金盖酥、伏酥。以白皮酥品质最好。

品种特性

果实近圆柱形，顶部平截稍宽，平均单果重 250 g，大者可达 1 000 g 以上；果皮绿黄色，贮后黄色；果点小而密；果心小，果肉白色，中粗，酥脆，汁多，味浓甜，有石细胞；可溶性固形物 11%～14%，可溶性糖 7.35%，可滴定酸 0.10%，每百克中含维生素C 2.21 mg。树势强，萌芽率为82%，一般剪口下多抽生2个长枝。定植后3～4年开始结果。以短果枝结果为主，腋花芽结果能力强。短果枝占65%，腋花芽20%，中果枝7%，长果枝8%，丰产性好，管理好丰产、稳产。适应性极广，对土壤气候条件要求不严，耐瘠薄，抗寒力及抗病力中等。在辽宁兴城9月下旬成熟，果实发育天数135 d，营养生育天数为207 d。

适栽范围：安徽、山东、山西、江苏、辽宁、陕西、甘肃陇东、新疆南部和云南昆明均有栽培。

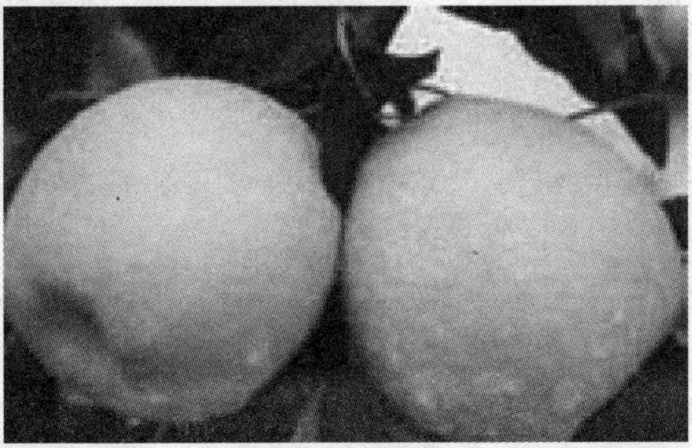

图 1-9　砀山酥梨

（三）秋子梨系统有哪些优良品种？

秋子梨，又名平顶软儿梨，生长在北方干旱地区。其果易保存，食之味琼香如蜜，沁人心脾，实为上等佳品。但其貌不扬，冻冰成褐色，不解者常以为是烂梨，留下不少笑谈。

二、适宜栽培梨的区域

梨属植物中的秋子梨有极强的抗寒能力，其栽培品种多数可耐-30℃的低温，如：小香山梨、麻梨、八里香和花盖等品种。白梨的抗寒力也可到-25～-23℃的低温。梨树耐涝性特强，据研究在缺氧的死水中可忍受9 d，仅次于葡萄。

中国梨栽培面积和产量仅次于苹果。河北、山东、辽宁三省是中国梨的集中产区，栽培面积约占一半，产量占60%，其中河北省年产量约占全国的1/3。

梨产量最多的省是安徽，河北、山东、辽宁、江苏、四川、云南等。主要梨产区有山东烟台，栽培品种有黄县长把梨、栖霞大香水梨、莱阳茌梨（慈梨）、莱西水晶梨和香水梨；河北省保定、邯郸、石家庄、邢台一带，主要品种为鸭梨、雪花梨、圆黄梨、雪青梨、红梨；安徽省砀山及周围一带为酥梨产区；辽宁省绥中、北镇、义县、锦西、阜新等地主产秋白梨、鸭梨和秋子梨系统的一些品种；山西高平为唯一大黄梨产区，山西原平则以黄梨和油梨为主栽品种；甘肃兰州以出产冬果梨闻名；四川的金川雪梨和苍溪雪梨；浙江、上海及福建一带的翠冠梨；新疆的库尔勒香梨和酥梨，烟台、大连的西洋梨，洛阳的孟津梨也都驰名中外。

安徽砀山是世界上最大的连片梨园，约占全县耕地面积的70%，素有“中国梨都”之称，是吉尼斯纪录认定的世界最大的连片果园产业区，以盛产酥梨闻名于世。境内黄河故道蜿蜒46.6 km，两岸连片果园近百万亩，年产各类水果15亿kg，堪称世界之最。砀山酥梨年产量7.5亿kg左右，占全国梨总产量的1/8，系全国水果生产十强县之一，是全国水果加工第一大县。

三、优质梨苗木的培育

（一）苗圃的建立

1. 苗圃地的选择

地点：需苗中心。

地势：背风向阳的平坦地，坡地修梯田。

土地：以沙质壤土和轻黏壤土为宜。

灌溉条件：排灌方便。

病虫害：根癌病、立枯病、线虫等。

2. 苗圃地的规划

母本园、繁殖区、道路、排灌系统和防护林、房舍等辅助设施。

3. 育苗方式

露地育苗、保护地育苗和组织培养。

（二）实生苗培育

1. 种子的采集

选择优良母本树，适时采收。

取种：可利用型，结合加工取种，但温度不能超过45℃，堆积软化，常翻动，清水漂洗。

种子的干燥、分级和贮藏：干燥：阴干，不能暴晒。常绿果树的种子不需干燥。分级：要求纯度95%以上。

2. 种子层积

用干净河沙，小粒种子沙种比3～5，大的5～10容器：木箱、墙角、地坑等用清水洗种，种子混沙，装入容器。最适温度2～7℃，沙子湿度以沙的最大持水量的50%为宜。手捏略成团，但不滴水，一触即散。层积期间，应常检查温湿度，常翻动，防种子发芽或霉烂，并防鼠害。层积时间，从预计播种期按种子后熟所需时间倒过来推算，杜梨60 d。

（三）嫁接育苗

1. 接穗的采集和贮运

母株的选择：品种纯正；生长健壮；丰产优质；无检疫病虫害。

采接穗的部位：树冠外围中上部充分发育成熟的枝条。选择适应当地生产条件，具备早实、丰产、优质引入嫁接代数少，生产健壮的母树，选取生长充实的一年生外围粗壮发育枝或结果枝，在落叶到萌芽前的整个休眠期进行采集，一般结合修剪进行采集，随剪随采，按品种50或100条为一捆，并挂上标签。

常规贮藏办法是穗条采回整理后，要及时放在低温保湿的深窖或山洞内贮藏，温度要求低于4℃，湿度达90%以上，在窖内贮藏时，应将穗条下半部埋在湿沙中，上半截露在外面，捆与捆之间用湿沙隔离，窖口要盖严，保持窖内冷凉，这样可贮至5月下旬到6 月上旬，在贮藏期间要经常检查沙子的温度和窖内的湿度，防止穗条发热霉烂或失水风干。若无地窖也可在土壤结冻前在冷凉高燥背阴处挖贮藏沟，沟深 80 cm，宽 100 cm，长度依穗条多少而定。入沟前先在沟内铺 2～3 cm 的干净河沙（含水量不超过 10%），穗条倾斜摆放沟内，充填河沙至全部埋没，沟面上盖防雨材料。也可将整理好的穗条放入塑料袋中，填入少量锯末、河沙等保湿物，扎紧袋口，置于冷库中贮藏，温度保持 3～5℃。其优点是省工、省力，缺点是接穗易失水，影响成活率，所以现在推广使用蜡封接穗。

蜡封接穗：其目的是：使接穗减少水分的蒸发，保证接穗从嫁接到成活一段时间的生命力。其方法是接穗采集后，按嫁接时所需的长度进行剪截，一般接穗枝段长度为 10～15 cm，保留 3 个芽以上，顶端具饱满芽，枝条过粗的应稍长些，细的不宜过长。剪穗时应注意剔除有损伤、腐烂、失水及发育不充实的枝条，并且对结果枝应剪除果痕。封蜡时先将工业石蜡放在较深的容器内加热融化，待蜡温 95～102℃时，将剪好的接穗枝段一头迅速在蜡液中蘸一下（时间在 1 s 以内，一般为 0.1 s），再换另一头速蘸。要求接穗上不留未蘸蜡的空间，中间部位的蜡层可稍有重叠。注意蜡温不要过低或过高，过低则蜡层厚，易脱落，过高则易烫伤接穗。蜡封接穗要完全凉透后再收集贮存，可放在地窖、山洞中，要保持窖内温度及湿度。

2. 嫁接时期、方法、树种不同，对接穗要求不同

春季嫁接，多采用一年生枝条（枣也用 2～4 年生枝），结合冬季修剪收集枝条—贮藏，春季随采随接。夏秋嫁接；接穗随采随用。去叶留叶柄，保湿。

3. 嫁接方法

梨树的嫁接方法很多，依接穗利用情况，分芽接和枝接；根据嫁接部位不同，分根接、根茎接、二重接、腹接、高接；从接口形式分，有劈接、切接、插皮接、嵌芽接、舌接、靠接等，但基本的嫁接方法是芽接和枝接。

① 芽接法：以芽片为接穗的嫁接繁殖方法。

时间：一般在7～9月，春、夏、秋都可以，但以7～9月较好。

T字形芽接（图3-1）适用：在砧木和接穗的皮层易剥离时进行，采用的砧木通常粗度为0.6～2.5 cm。砧木处理：在砧木距地面5～6 cm处，选一光滑无分枝处横切一刀，深度以切断砧木皮层达木质部为宜，再在横切口的中间纵切一刀，深达木质部，长1～1.5 cm，形成“T”形切口。接穗的削取：在接芽上方0.5 cm处横切一刀，深达木质部，在芽以下1.5 cm左右的地方向上斜削一刀，刀要切入木质部并削到芽上的横切口处，然后用抠取大约2 cm长的盾形芽片。接合：用刀尖拨开“T”形切口，左手拿芽片，并顺势插入“T”形切口。

1. 削取芽片　2. 取下的芽片

3. 插入芽片　4. 包扎

图3-1 “T”形芽接

嵌芽接（图 3-2）适用：对枝梢有棱角、沟纹或接芽不易剥离时采用。嵌芽削取：用刀在接穗芽的下方约 1 cm 处，以 45°角斜切入木质部，在芽的上方 1.2～1.5 cm 处向下斜削一切口，切取带木质部的盾形芽片砧木处理：砧木的削取与接穗相同，但应注意使砧木切口大小与接穗芽片大体相近，一般切口稍长于芽片为好。嵌合绑扎：将芽片嵌与砧木切口，对齐形成层，插入时应使芽片上端露出一点砧木皮层，然后绑缚好。

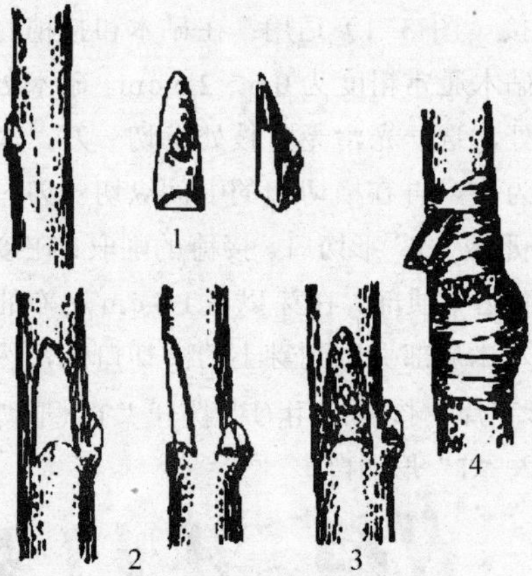

1. 削接芽　2. 削砧木接口

3. 插入接芽　4. 绑缚

图 3-2　嵌芽接

方块形芽接（图 3-3）适用：从接穗上切取正方形或长方形的芽片接在砧木上。特点：不论树体大小均可采用该法，方法简便，易掌握，并提高成活。接穗的削取：在接穗上选好接芽后，用刀在芽上下各 1 cm 处横切，而在接芽的左右紧切两刀，深达木质部，取下一方形芽片。砧木处理：在砧木适宜嫁接部位，按接芽大小除去一块砧木的树皮。接合绑缚：从接穗上取下方形芽片迅速贴在砧木上，使形成层紧密结合贴严，然后用塑料条捆扎。

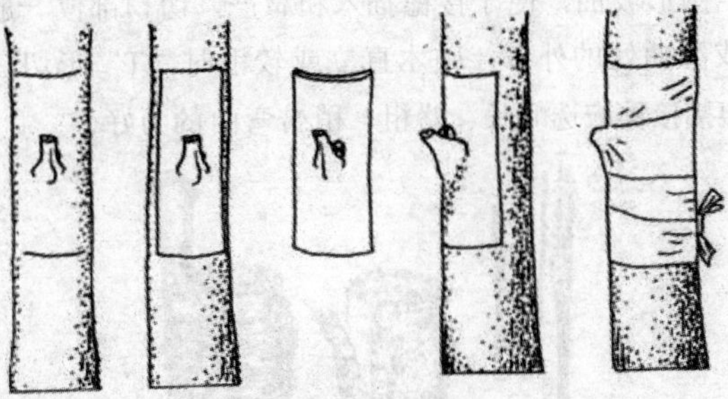

图 3-3　方形快芽接

② 枝接法：是以枝段为接穗的嫁接繁殖方法。一般在砧木芽萌动前或开始萌动而未展叶时进行，过早则伤口愈合慢且易遭不良气候或病虫损害，过晚则易引起树势衰弱，甚至到冬季死亡。实践中，春季嫁接在萌芽前 10 d 到萌芽期最为适宜，同时在气温较高、晴朗的天气嫁接成活较好。

枝接的优点是成活率高，接苗生长快，但比较费接穗，要求砧木要粗。一般分为硬枝嫁接，绿枝嫁接。

切接法（图 3-4）切接：此法适于较细的砧木，在适宜嫁接的部位将砧木剪断，剪锯口要平，然后用切接刀在砧木横切面的 1/3 左右的地方垂直切入，深度应稍小于接穗的大削面，再把接穗剪成 2～3 个饱满芽的小段，将接穗下部的一面削成长 3 cm 左右的大斜面（与顶芽同侧），另一面削一长 1 cm 左右的小削面，削面必须平，迅速将接穗按大斜面向里、小斜面向外的方向插入切口，使砧穗形成层贴紧，然后用塑料布条绑好。

皮下枝接（图 3-5）多用于填补植株的空间，一般是在枝干的光秃部位嫁接，以增加内膛枝量，补充空间，嫁接时先在砧木树皮上切以“T”形切口，深达木质部，横切口上方树皮削一三角形或半圆形坡面，便于接穗插入和靠严，切口部位一般在稍凸的地方或弯曲处的外部，砧木直立或较粗时“T”形切口以稍斜为好。腹接接穗应选略长、略粗、稍带弯曲的为好。

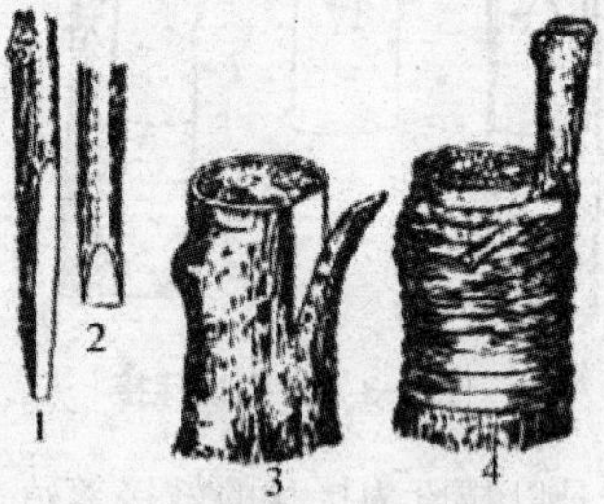

1、2. 接穗的长削面和短削面

3. 切开的钻木　4. 绑缚

图 3-4　切接法

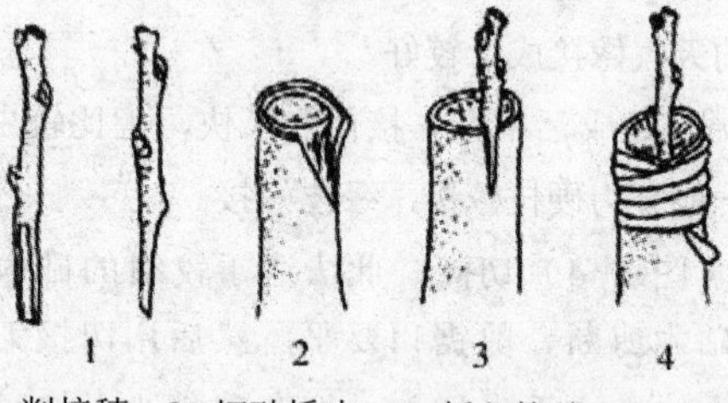

1. 削接穗　2. 切砧撬皮　3. 插入接穗　4. 绑扎

图 3-5　皮下枝接

选一年生生长健壮的发育枝作接穗，每段接穗留 2～3 个饱满芽，用刀在接穗的下部先削一长 3～5 cm 的长削面，削面要平直，再在削面的对面削一长 1～1.5 cm 的小削面，使下端稍尖，接穗上部留 2～3 个芽，顶端芽要留在大削面的背面，削面一定要光滑，芽上方留0.5 cm剪断，在砧木的嫁接部位用刀斜着向下切一刀，深达木质部的1/3～1/2处，然后迅速将接穗大削面插入砧木削面里，使形成层对齐，用塑料布包严即可。

皮下腹接（图 3-6）此法主要用于成幼树内膛光秃带补枝。具体方法是：在砧木需要补枝的部位（一般每隔75 cm补一个枝）先将砧木的老皮削薄至新鲜的韧皮部，然后割一丁字形口，在横切口上端1～2 cm处，用嫁接刀向下削一月牙斜形削面下至丁字形横切口深达木质部，这样以免接穗插入后"垫枕"。接穗要求长一些，一般为20 cm左右，最好选用弯曲的接穗，削面要长为5～8 cm 的马耳形、背面削至韧皮部，然后将接穗插入砧木，用塑料条包扎紧密不露伤口即可。

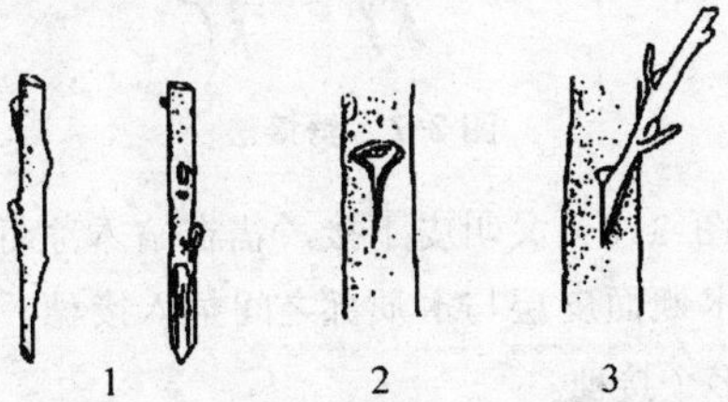

1. 削接穗　2. 切砧木撬皮　3. 插入接穗

图 3-6　皮下腹接

舌接法：又叫双舌接，在砧穗粗度相当时采用此法，在砧木上削出长3.5～4.5 cm的马耳形削面，在削面上端1/3长度处垂直向下切一长约 2 cm 的切口，接穗与砧木削法相同，然后将砧、穗大、小削面对齐插入直至完全吻合，两个舌片彼此夹紧，若砧穗粗度不等，可使一侧形成层对准，然后用塑料条包严绑紧。

劈接法（图 3-7）多在砧木较粗时采用，一般选用一年生健壮枝的发育枝做接穗，在春季发芽前进行。

先将砧木截去上部并削平断面，用劈接刀在砧木中央垂直下劈，深4～5 cm，一般每段接穗留3个芽，在距最下端芽0.5 cm处，用刀沿两侧各削一个4～5 cm的大削面，使下部呈楔形，两削面应一边稍厚一边稍薄，迅速将接穗插入砧木劈口，使形成层对齐贴紧，绑好即可。

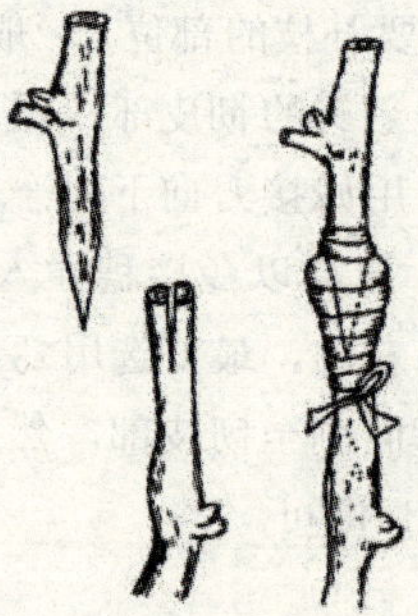

图 3-7 劈接法

插皮接（图 3-8）又叫皮下接，需在砧木芽萌动离皮的情况下进行，在砧木断面皮层与木质部之间插入接穗，视断面面积的大小，可插入多个接穗。

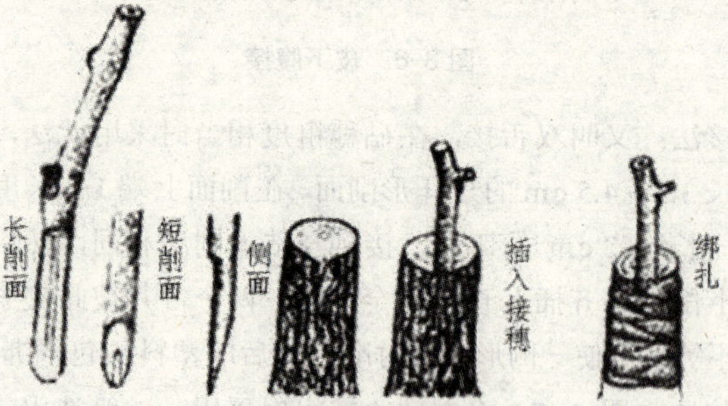

图 3-8 皮下接

在砧木的嫁接部位选光滑处剪断，剪、锯口要平，以利愈合，在接穗的下部先削一长3～5 cm的长削面，使下端稍尖，再在削面的对面轻削去皮，接穗上部留2～3个芽，顶端芽要留在大削面的背面，在砧木切口下表面光滑部位，割一比接穗长削面稍短的纵切口，深达木质部，将树皮向两边轻轻拨起，然后将接穗长削面对着木质部，从皮层切口中间插入，长削面留白0.5 cm，砧木直径2 cm以上时插1个，2～4 cm时插2个，4～6 cm时插3个，6～8 cm时插4个（此法广泛用于苹果、梨、核桃、板栗等低产园的高换头）。

另外有一种改进插皮接法：具体方法是首先确定砧木的嫁接部位，然后在离嫁接部位以上40～50 cm处剪去枝头。剪砧后各骨干枝仍要保持从属分明。然后在从嫁接部位处对砧木环割一圈，向上 5 cm 左右处再环割一圈取下砧皮。将削好的接穗插入环剥口下砧木皮层，用塑料条绑缚固定。由于接穗的接口上部进行了大环剥，并且枝头已剪掉，上部砧木即成了当年的活支柱，待1年后从接口处锯掉，即很快愈合，成活率高，少风折，生产上应广泛采用。

插皮舌接：嫁接时从待接枝的平直部位锯去上部，砧木接口直径需在3 cm以上，根据砧木的粗度确定插入接穗的数量，一般砧木接口直径达3～4 cm时，插2条接穗，穗长15 cm左右，削面上端要有2～3个饱满芽，斜削面呈长马耳形，长5～8 cm。嫁接前，先在砧木接口的待插部位，按照接穗削面的形状，轻轻削去老皮露出新皮，其削面的长宽稍大于接穗的削面，然后将接穗削面前端的皮层捏开，使接穗的木质部慢慢插入砧木的木质部与韧皮之间，接穗的皮部放在砧木的嫩皮上，微露削面即可，然后绑好。

桥接法：主要用于腐烂病刮治后重建疏导组织。桥接方法，一种方法是利用靠近主干，最好是刮治部位同侧的根蘖上端嫁接在刮后伤口的上端；另一种方法是用一根枝条两端接在刮治部位上下两端。桥接成活后，及时除去接穗上的萌芽。

4. 嫁接后的管理

① 喷药防虫：嫁接后至发芽期最易遭受早春害虫的为害，要及时喷药防治。

② 除萌蘖：嫁接后十几天砧木上即开始发生萌蘖，如不及时除掉会严重影响接穗成活后的生长。除萌蘖要随时进行，对小砧木上的要除净，大砧木上的如光秃带长，应在适当部位选留一部分萌枝，第二年嫁接，如砧木较粗又接头较小，则不要全部抹除，在离接头较远的部位适当保留一部分，以利长叶养根。

③ 补接：嫁接 10 d 后要及时检查，对未成活的要及时补接。

④ 松绑与解绑：一般接后新梢长到 30 cm 时，则应及时松绑，否则易形成缢痕和风折。若伤口未愈合，还应重新绑上，并在 1 个月后再次检查，直至伤口完全愈合再将其全部解除。

⑤ 绑支棍防风：在第一次松绑的同时，用直径 3 cm、长 80～100 cm的木棍，绑缚在砧木上，上端将新梢引缚其上，每一接头都要绑一支棍，以防风折。采用腹接法留活桩嫁接，可将新梢直接引缚在活桩上。

⑥ 摘心：8 月末摘心以促进新梢成熟，提高抗寒能力。

⑦ 幼树嫁接的要在 5 月中下旬追肥一次，大树高接的在秋季新梢停长后追肥，各类型嫁接树 8～9 月喷药（0.3%磷酸二氢钾）2～3 次，有利于防止越冬抽条及下年雌花形成，同时要搞好土壤管理和控制杂草。

四、建　园

（一）梨园选择

园地选择土层厚度在 100 cm 以上，有机质含量较高的农耕地，忌选择退耕地、撂荒地和土层过薄漏沙地建园。

梨树喜光、喜水、怕寒、怕风。因此，梨园宜建在背风向阳土层深厚、交通便利的缓坡或河滩、沟道等处。建园要按山、水、园、林、路的要求进行总体规划。土壤以壤土为上、沙壤土次之、轻黏土又次，要求土层厚度达到 1 m 以上，地下水位在 1 m 以下，忌选死黄泥或石砾土建园。坡向以南向为上，西南向次之，东南向又次，忌选北向坡地。旱坡地建园，必须进行土壤深翻和加强保墒措施。有条件的，可修建灌排水设施。梨的适应性很强，选择坡度 15° 以下的缓坡、丘陵地，以土质疏松、排水良好的沙壤土种植。以光照充足、空气流通、排水良好的环境条件建园，并挖深、长、宽各为 60 cm 的定植穴备种。修整沟底宽 60 cm，埂宽、高各 25 cm的营养沟。栽后再复平修整，保证营养沟（通风行）宽度 1 m以上。

（二）苗木选择

选择品种纯正，根系发达，生长健壮，以杜梨为砧木，嫁接高度 30 cm，嫁接口愈合良好。地径 0.8～1.2 cm，高度 100 cm以上，主根20 cm以上，侧根4条以上。无失水、无检疫性病虫的二级以上规格苗木。砧木建园选择高度80cm以上，地径0.6 cm杜梨。

（三）栽植密度

为促进梨园早投产，提高前期产量，改善通风透光，便于耕作管理，按照“宽行距、窄株距”的原则，采用行距4 m、株距1.5 m的密度，每亩定植112株，进行合理密植。园地规划应根据地形条件综合考虑，一般平地或小于15°的缓坡地宜选南北向为行，道路与灌、排水主渠平行，且与梨行相垂直，按照行距4 m划出定植线。大于15°的坡地应选沿环坡等高线方向为行，按4 m行距划出定植线，对坡度变化大、地形复杂的园地，宜根据地形情况，将园地划分为几个小区，分别进行规划放线，并按4 m行距对定植线略作调整，若园地建设在风口，应栽植防风林。一般为3 m×（4～5）m，或（2～3）m×4 m，每亩可种植44～48株，各地可视具体情况而定。

（四）深翻改土

整地开挖沟穴时间：秋冬季至当年定植前。

穴状整地：80 cm见方，清除沙石及不良土壤，回填耕作土壤。整地与施基肥结合进行，沟穴最底层铺15～20 cm的作物秸秆，然后换填耕作土40～50 cm，土肥混填50～60 cm，上层填耕作土10～20 cm。

施基肥：鸡粪、羊粪、猪粪、过磷酸钙。腐熟、半腐熟，穴施 50～80 kg，磷肥 2～3 kg。回填土高于原地表 15～20 cm，灌水后基本与地面齐平，等待第二年春定植。

梨树根系在 1 m 深的土层中布满以后，梨园产量才可能达到稳定高产。为此，梨园土壤必须按 1 m 深度要求逐年进行深翻整地，直至达到规定标准，并结合大量施用有机肥，使深翻与改土结合起来。全园土壤按 1 m深度要求进行深翻，分两步实施：

第一步于定植前进行，全园按 4 m 行距开挖宽、深各 1 m 的定植沟，然后将秸秆、有机肥料和土壤分层回填，要求如下：①适宜时期：冬初气温较高，常有雨雪降水，农作物秸秆容易腐烂，有利于土壤熟化，开挖定植沟最好选在此期进行。②开沟规格：按行距 4 m 要求开挖定植沟，沟的宽、深均为 1 m。无论何种土地建园，每条定植沟必须与纵向排洪沟贯通，以利排水防涝。梨园建在平地或小于 15° 的缓坡地，定植沟宜取南北向；若建在大于 15° 的坡地，应沿环坡水平方向开沟。③回填方法：开沟时，将地表活土堆置于定植沟的一侧，生土堆置于沟的另一侧，然后将农作物秸秆、圈粪和磷肥与土壤分层混合，再由沟底往上分六层进行回填，方法为，第一层：填入整株玉米秆或高粱秆（其他农作物秸秆、杂草、腐烂有机物亦可），经踩实后达到半尺厚度为标准。第二层：填入 0.2 m 厚的生土。第三层：填入秸秆，要求同第一层。第四层：填入 0.2 m 厚的生土。第五层：按每株树 25 kg 腐熟圈粪、2 kg 磷肥标准，与熟土混合均匀，回填半尺厚，铺平踩实。第六层：将余土全部回填到定植沟顶部。

第二步梨园在开挖宽、深各 1 m 定植沟的基础上，还要进行行间深翻，务必于定植后第三年晚秋分 2～3 次完成。

栽植时期：适宜时期为 10 月下旬至次年 2 月底均可进行，其中以秋末最佳（10 月上旬），冬初次之（11 月上中旬），春栽又次之，春栽最迟不宜超过3月中旬梨树萌动前，定植愈早，成活率愈高。落叶后至春季萌芽前（11月下旬至3月上旬）均可栽培，但以冬栽（11～12月）为好。

（五）栽培方法

1. 打点挖穴

先按株行距打好定植点，横竖成行。以点为中心挖30 cm见方的定植坑。

2. 栽植

对处理后的苗木要立即栽植，时间不超过 8 h，注意保证根系舒展，埋土深度比苗木原土印深 3 cm 为宜。但必须保证嫁接口外露。回填土中再掺入1 kg过磷酸钙，栽植深度掌握根茎与沟底齐平。保证根系平展，踩实回填土，栽后当天必须灌足定苗水，7 d后再补灌一次促活水。

具体方法如下：①在定植沟上开挖定植穴，其深度应超过梨苗根系 3～4 寸，苗木植入后回填细土，至全部根系被细土掩盖后提苗，以舒展根系，并进行第一次踩土，接着再回填细土，进行第二次踩土，以使土壤紧密接触根系。②根据不同的品种配置方式，主栽品种与授粉品种可按4∶1的比例配置。③梨苗定植后，以苗干为中心，按1尺半径规格，垒砌一圈形土埂，以便浇水保苗。④梨苗定植后，要及时定干。⑤及时灌水，定干后按一株苗浇一桶水的标准灌足定根水。10～15 d后，若未降透雨，需按上述标准复水一次，可以大大提高成活率。

3. 授粉树配置

黄冠梨、早酥梨互为授粉树，主栽品种与授粉品种以等量配置，面积大按行配置，面积小行内配置。

4. 定干

定植后随即进行定干修剪，对达到定干高度的苗木一律从距地70～80 cm处剪截，注意剪截部位以下25 cm的整形带内要保证有4～6个饱满芽。对达不到定干高度的苗木从饱满芽处剪截，下年再定干。杜梨砧木苗一律从60 cm处剪截。

5. 套袋遮阳

定干的同时，随即对苗木进行套袋保湿操作。选用苗木保护专用袋套住整个苗干，然后在袋外裹一层旧报纸，扎细绳 1～2道，1 周后检查发芽情况，新芽长到 0.5 cm 时于次日早晨解除套袋。

五、花果管理

花果管理是指直接对花和果实进行管理的技术措施。其内容包括生长期中的花、果管理技术和果实采收及采后处理技术。花果管理是果树现代化栽培中的重要技术措施。采用适宜的花果管理措施是果树连年丰产、稳产、优质的保证。本章将以稳产优质为中心，重点讲述果树负载量的确定、化学疏花疏果技术、促进果实着色技术及果实采后处理技术。

（一）保花保果

坐果率是产量构成的重要因子。提高坐果率，尤其是在花量少的年份提高坐果率，使有限的花得到充分的利用，在保证果树丰产稳产上具有极其重要的意义。绝大多数果树的自然花朵坐果率很低，如：苹果、梨的最终花朵坐果率为15%左右。因此，即使是在花量较多的年份，如不采用保花保果措施，也常会出现“满树花，半树果”的情况。

造成果树落花落果主要有两方面的原因：树体因素和环境因素。树体因素除取决于树种、品种自身的遗传特性以外，还取决于树体的贮藏养分，花芽的质量，授予粉受精的质量，花器官的发育情况等。环境因素主要包括花期梅雨、晚霜、低温、空气湿度过低和土壤过于干旱等。因此，要提高坐果率，应根据具体情况，采取相应的措施。提高坐果率的措施主要包括：提高树体贮藏营养水平、保证授粉质量、植物生长调节剂和改善环境条件四个方面。

1. 提高树体贮藏营养水平

① 树体的营养水平，特别是贮藏营养水平，对花芽质量有很大影响。许多落叶果树的花粉和胚囊是在萌芽前后形成的，此时树体叶幕尚未形成，光合产物很少，花芽的发育及开花坐果主要依赖于贮藏营养。贮藏营养水平的高低，直接影响果树花芽形成的质量，胚囊寿命及有效授粉期的长短等。因此，凡是能增加果树贮藏营养的措施，如秋季促使树体及时停止生长，尽量延长秋叶片寿命和光合时间等，都有利于提高坐果率。

② 合理调整养分分配方向也是提高坐果率的有效措施。果树花量过大、坐果期新梢生长过旺等都会贮藏养分的消耗，从而降低坐果率。采用花期摘心、环剥、疏花等措施，能使养分分配向有利于坐果的方面转化，对提高坐果率具有显著的效果。

③ 对贮藏养分不足的树，在早春施速效肥，如在花期喷施尿素、硼酸、磷酸二氢钾等，也是提高坐果率的有效措施。

2. 保证授粉质量

（1）人工辅助授粉

在果园配置有足够授粉树的情况下，果树的自然授粉质量主要取决于气候条件和昆虫活动状况。花期如遇异常的气候条件，会影响昆虫的活动，导致授粉不良，坐果率低，从而造成大幅度的减产。近年来，由于授粉不良而大幅度减产的事例发生频繁。这是因为，一方面，随着化学农药使用量的增加，自然环境中昆虫数量日益减少；另一方面，随着全球气候的变化，果树花期异常气候的出现也越来越频繁，如花期大风、下雨等。因此，完全靠自然授粉难以保证果树园连年丰产和稳产。人工授粉实质上是自然授粉的替代和补充，它能保证授粉的质量，提高坐果率。

（2）授粉树不足

果园建立时授粉树配置不足。

（3）人工授粉的方法

① 采花。采集适宜品种的大蕾期（气球期）的花或刚开放但花药未开裂的花。适宜品种应具备以下条件：花粉量大且具有生活力；与被授粉品种具有良好的亲和性。为了保证花粉具有广泛的使用范围，在生产上最好取几个品种的花朵，授粉时把几个品种的花粉混合在一起使用。取花量应根据授粉果园的面积大小来确定，通常苹果要取 40 kg，然后制成 1 kg 花粉，能满足 3～4 hm^2 果园授粉的需要。

② 取粉。采花后，应立即取下花药。在花量不大的情况下，可采用手工搓花的方法获得花药，即双花对搓或把花放在筛子上用手搓。花量大时，可用机械脱药。花药脱下后，应放在避光处阴干，温度控制在 25℃左右，最高不超过 28℃，一般经过 24～48 h 花药即可开裂。干燥后的花粉放入玻璃瓶，并在低温、避光、干燥条件下保存备用。

③ 异地取粉与花粉的低温贮藏。在生产中常常遇到由于授粉品种的花期晚于主栽品种而造成授粉的缺少花粉的困难。为解决这个问题，可采用异地取粉和利用贮藏的花粉。异地取粉是利用不同地区物候期的差异，从花期早的地区取粉为花期晚的地区授粉。花粉在低温干燥的条件下可长时间保持生命力。据烟台果树实验站研究，将元帅系苹果的花粉在 0～4℃低温、干燥条件下保存一年后授粉，坐果率仍可达到 40%以上。在进行低温保存时

应注意以下条件的控制：一是低温。对于大部分蘖节树种，应控制在0～4℃；二是干燥，在花粉保存中应保持干燥，最好放入加有干燥剂的容器中；三是避光保存。

④ 授粉　授粉的方法有人工点授、机械喷粉、液体授粉等。在生产中应用最多的是人工授点。授粉时期应从初花期开始，并随着花期的进程反复授粉，一般人工点授在整个花期中至少应进行两遍。当天开放花朵授粉效果最好，以后随花朵开放时产的延长，授粉效果逐渐降低。苹果的有效授粉期一般为3 d。点授时，每个花序只授两朵，对坐果率高的品种，可间隔授粉，而对坐果率低的树种、品种或花量少的年份，应多次授粉。授粉常用工具有细毛笔、橡皮头、小棉花球等。为了节约花粉，可把花粉与滑石粉按1∶5的比例进行混合后使用。

为了提高授粉效率，可采用机械喷粉。具体方法是把花粉加入 200～300 倍的填充剂后，用喷粉机进行授粉。也可采用液体授粉，液体授粉的配方为：水 10 kg、蔗糖 1 kg、硼酸 20 g、纯花粉100 mg，液体混合后应放在2 h 内喷完。机械授粉效率高，但花粉使用量大，需大幅度增加采花数量，因此在生产出率，特别是一家一户应用时较困难。

（4）果园放蜂

果园放蜂，是一种很好的授粉方法。

① 蜜蜂授粉。在果园中放蜜蜂授粉是我国常用的方法。通常，每 0.3 hm^2 果园放一箱蜂，即可达到良好的效果。放蜂时应注意：蜂箱要在开花前3～5 d 搬到果园中，以保证蜜蜂能顺利度过对新环境的适应期，在盛花期到来时出箱活动；在果园放蜂期间，切忌喷施，影响授粉效果。因此，遇恶劣天气应及时进行人工补充授粉。

② 壁蜂授粉。壁蜂是日本果农在授粉时常用的一种人工饲养的野生蜂。同蜜蜂相比，具有访花次数多、授粉效果好等优点。它最大的特点是一年中只在 4～5 月份外出活动，其他时间均在蜂巢中。这样，即可避免农药对它的伤害，又可免去周年饲养的费用，因此受到人们的普遍欢迎。近年来我国已引进了壁蜂并开始在生产上推广应用。壁蜂的用量要根据果园的面积和产量而定，据山东省胶州市果树站的研究，产量为 30 000～120 000 kg/hm^2 的果园需壁蜂 1 800～1 950 只，盛果初期的果园需壁蜂 1 200～1 500 只。

利用壁蜂授粉，要注意控制其出巢的活动时间，在自然条件，4 月上旬壁蜂出巢活动。为使其能在果树花期出巢活动，应在 4 月初将有蜂的芦苇管放入温度为 0～5℃的冷藏箱中保存。判断冷藏开始最佳时间的方法为：当壁蜂开始活动可听到苇管内有“咔嚓”的声音时最好。在果树开花前 2～3 d，将蜂从冷藏箱中取出，放入果园。

壁蜂在自然条件下可自然增殖，无需特殊的饲喂，但为使蜂群尽快扩大，应将其放在花多、无农药危害、温暖避风的地点，把大量的空苇管和有蜂的苇管一起放置。此外，在壁蜂活动结束进入芦苇管后，应将其用细纱网遮罩，以防止其他蜂类或鸟类的危害。

（5）梨树人工授粉。借助人力辅助授粉以提高果树坐果率的技术措施。果树花期遇到阴雨、大风、低温天气，蜜蜂等昆虫活动受阻，或因果园品种单一，授粉品种不足，或花期不遇等都影响自然授粉。即使在正常的环境和气候条件下，进行人工辅助授粉，对于促进果个增大、端正果形及提高品质等方面仍具有显著效果。因此，在苹果、梨、橙、柚、荔枝等果树上，人工授粉已成为一项常规技术措施。

① 人工点授。用授粉工具将花粉直接点放在柱头上的授粉技术，是生产中应用最普遍的人工辅助授粉方式。人工点授节省花粉，对点授花有选择性，授粉效果好。授粉时期从初花期开始，随花期的进程多次授粉，当天开放的花朵授粉效果最好，以后随花朵开放时间的延长，授粉效果逐渐降低，因此，人工点授在整个花期中至少应进行 2～3 遍。点授时，对坐果率高的品种，每个花序只授 1～2 朵花或间隔花序授粉，而对坐果率低的树种、品种或花量少的年份，应多花、多次授粉。为了节约花粉，可将花粉与滑石粉或淀粉按 1∶5～10 的比例混合后使用。授粉常用工具有细毛笔、橡皮头、棉签、纸捻、香烟过滤嘴等。授粉时蘸一次花粉可以点授5～10 朵花。

② 机械授粉。借助喷粉机器于花期喷洒花粉的辅助授粉技术。机械喷粉劳动效率高，但花粉用量大，为节省花粉，一般将花粉混合一定比例的填充剂。具体方法是在花粉中加入100～300倍的滑石粉或淀粉，混匀后装入农用喷粉器，均匀喷洒在花器上。如果只进行一次喷粉，则应在盛花期进行。填充剂易吸水，造成花粉破裂，因此应现用现混合，混合后应在4 h内喷完。

③ 液体授粉。将花粉制成花粉混合液进行喷雾授粉的方式。一般是将花粉配成5%～10%的蔗糖溶液，用喷雾器于盛花期喷洒花的柱头，每树约用花粉溶液 0.1～0.15 kg。糖溶液可防止花粉在溶液中破裂（如混后立即喷，可减少糖量或不加糖），为增加花粉活力，可在溶液中加0.1%的硼酸或硼砂。常用花粉溶液配制比例为：①水10 kg、蔗糖（或砂糖）1 kg、硼酸10～20 g、纯花粉100 mg；②水500 g、砂糖25 g、46%尿素1.5 g、硼砂1.5 g、纯花粉 1 g。硼酸或硼砂在用前再混入。因混后 2～4 h 花粉便可

以发芽，为此溶液配好后应在2 h内喷完。

3. 植物生长调节剂的应用

施用某些植物生长调节剂，可以提高果树坐果率。目前应用较多的有赤霉素、萘乙酸、尿素等。近年来，科研单位研制出许多新型的提高坐果率的药剂，其中很多为植物生长调节剂与其他物质如氨基酸、生物碱、微量元素等的混合物，对提高果树的坐是率具有良好的效果。

在应用生长调节剂时要注意，不同的调节剂，或同一种调节剂在不同树种上使用，其作用要差很大，第一次使用新的生长调节剂时，必须进行小面积试验，以免造成损失。

4. 改善环境条件

花期是果树对气候条件最敏感的时期，如遇恶劣天气，往往会造成大幅度减产。目前人类还不能完全控制天气的变化，但可尽量减少恶劣天气所造成的损失。果园种植防风林地改善果园小气候的有效措施。此外，通过早春灌水，可推迟果树开花的时间，躲过晚霜的危害，减少损失。但应注意在花期尽量不要灌水，以免降低坐果率。

（二）疏花疏果

1. 作用及意义

疏花疏果是人为及时疏除过量花果，保持合理留果量，以保持树势稳定，实现稳产、高产、优质的一项技术措施。

果树开花坐果过量，会消耗大量贮藏营养，加剧幼果之间的竞争，导致大量落花落果。

幼果过多，树体的赤霉素水平提高，抑制花芽的形成，造成大小年结果现象。

果实过多，造成营养生长不良，光合产物供不应求，影响果实正常发育，降低果实品质。

消弱树势，降低抵抗逆境的能力。

其主要作用有：

① 保花保果，提高坐果率。

② 克服大小年，保证树体稳产丰产。果实在生长同花芽分化间的养分竞争十分激烈。有限的养分被过多的果实发育消耗，树体内的养分积累不能达到花芽分化所需水平。此外，幼果会产生大量的赤霉素，较高水平的赤霉素对花芽分化有较强的抑制作用。因此，过大的负载量往往会造成第二年花量不足，产量降低，出现大小年。通过疏除花芽分化期树体内赤霉素的含量水平，从而保证每年都形成足够量的花芽，实现果树丰产、稳产。

③ 提高果实品质。疏除过多的果实，使留下的果实能实现正常的生长发育，采收时果大，整齐度一致。此外，在疏果时，重点疏除弱花弱果及位置不好、发育不良的果，病虫果、畸形果等，从而减少残次果率。

④ 保证树体健壮的生长。频繁和严重的大小年，对树体发育影响很大。在大年，过大的负载量会导致树体的贮藏养分积累不足，树势衰弱，抗性降低。许多生产实践证明，连续的大小年是造成苹果园腐烂病大发生的重要原因之一。疏除过多的花果，有利于枝叶及根系的生长发育，使树体贮藏营养水平得到提高，进而保证树体的健壮生长。

2. 合理负载量的确定

确定合理的果实负载量，是正确应用疏果技术的前提。不同的树种、品种，其结果能力有很大的差别。即使相同的品种，处在不同的土壤肥力及气候条件下，其树势及结果能力也不相同。在生产在确定果树负载量，主要依据以下几项原则：第一，保证良好的果品质量。第二，保证当年能形成足够的花芽量，生产中不出现大小年。第三，保证果树具有正常的生长势，树体不衰弱。

疏花疏果关键是根据树种、品种、树势、树龄及管理水平，确定获得最佳质量标准果品的适宜负载量，由于不同树种、品种及在栽培管理条件下成花和坐果能力差异很大，因此，很难确定统一的留果标准。目前确定适宜留果标准的参考指标主要有：①历年留果经验；②干周和干截面积；③叶果比和枝果比；④果实间距等。这些参考指标在实际应用中，需结合当地的实际情况作必要的调整，使负载量更加符合实际，达到连年优质丰产。

（1）经验法

这是目前大多数果园所采用的方法。通常根据树势强弱和树冠大小，结合常年的生产实践经验来确定果实保留数量。树势强和树冠大的多留果，反之少留果。在苹果园中，也可根据新梢的生长势特别是果台副梢的生长势来确定留果量。经验法简便易行，但操作中没有固定的标准，灵活性强，如判断失误，易造成不良后果。

（2）枝果比

枝梢数与果实数的比值，用来确定留果量的一项参数。是苹果、梨等果树具确定留果量普遍参考的指标之一。枝果比通常有两种表示方法，一种表示方法是修剪后留枝量与留果量的比值，即通常所说的枝果比；另一种表示方法是结果为年新梢量与留果量的比值，又叫梢果比。梢果比一般比枝果比大 1/4～1/3，应注意区分二者，以确定合理留果量。

适宜的枝果比，有助于花芽形成，增进果实品质，稳定树势，克服大小年。枝果比与叶果比在一定范围内是基本对应的，因此应用枝果比确定留果量时可参考叶果比指标。据调查，树势稳定的盛果期苹果树，平均单枝叶片数为 13～15，当梢果比为 3∶1 时，叶果比为(39～45)∶1；梢果比为 5∶1 时，叶果比为(65～75)∶1。在当前的生产条件下，小型苹果品种梢果比(3～4)∶1，大果型品种梢果比(5～6)∶1；枝果比比梢果比小 1/4～1/3。小型梨品种枝果比 3∶1 左右；大型梨品种枝果比(4～5)∶1。鸭梨、香水梨适宜叶果比(15～20)∶1，茌梨、晚三吉梨适宜(20～30)∶1。

枝果比因树种、品种、砧木、树势以及立地条件和管理水平的不同而异，因此在确定留果量时应综合考虑，灵活运用。

（3）叶果比

指总叶片数与总果数之比，是确定留果量主要指标之一。每个果实都以其邻近叶片供应营养为主，所以每个果必须要有一定数量的叶片生产出光合产物来保证其正常的生长发育，即一定量的果实，需要足够的叶片供应营养。对同一种果树、同一品种，在良好管理的条件下，叶果比是相对稳定的。鸭梨叶果比(30～40)∶1；洋梨(40～50)∶1。根据叶果比来确定负载量，是相对准确的方法，但在生产实践中，由于疏果时叶幕尚未完全形成，叶果比的应用有一定困难，可参考枝果比，果间距及经验指标，灵活运用。

（4）干周留果法

根据果树的干周来确定果树负载量的方法。

（5）干截面留果法

依据果树的干截面积确定负载量的方法之一，一般用每平方厘米干截面积的留果量表示。生长正常的果树的干粗能反应树体的枝量和生长状况，与负载量直接相关，但是，树种、品种、树势、立地条件及管理水平等都影响单位干截面积的负载量。应用该方法确定留果量，一般先量取果树的干周，求出干截面积后，再根据树种、品种、树势、立地条件及果园管理水平等，确定适宜负载量，再乘以每千克果实的个数，即为该枝干的留果数。对于某一品种，在树势中庸、树冠完整的条件下单位干截面积的留果量是相对稳定的，偏弱的树留果量应适当少一些，偏强的树留果量应适当多一些。

3. 疏花疏果时期和方法

（1）时期

理论上讲，疏花疏果进行得越早，节约贮养分就越多，对树体及果实生长也越有利。但在实际生产中，应根据花量、气候、树种、品种及疏除方法等具体情况来确定疏除时期，以保证足够的坐果为原则，适时进行疏花疏果。通常，生产上疏花疏果可进行 3～4 次，最终实现保留合适的树体负载量。结合冬剪及春季花前复剪，疏除一部分花序，开花时疏花，坐果后进行 1～2 次疏果可减轻树体负载量。在应用疏花疏果技术时，有关时期的确定，应掌握以下几项原则：

① 花量大的年份早进行。即使是树体花量大的年份，也可分几次进行疏花疏果，切忌一次到位。

② 自然坐果率高的树种、品种、早进行：自然坐果率低的晚进行。对于自然坐果率低的树种和品种，一般只疏果、不疏花。

③ 早熟品种宜早定果，中晚熟品种可适当推迟。

④ 花期经常发生灾害性气候的地区或不良的年份应晚进行。

⑤ 采用化学方法进行疏花疏果时，应根据所用化学药剂的种类及作用原理，选择疏除效果最好、药效最稳定的时期施用。

（2）疏花疏果的方法

分为人工疏花疏果和化学疏花疏果两种。

① 人工疏花疏果。是目前生产上常用的方法。优点是能够准确掌握疏除程度，选择性强，留果均匀，可调整果实分布。

缺点：费时费工，增加生产成本，不能在短时期完成。

人工疏花疏果一般在了解成花规律和结果习性的基础上，为了节约贮藏营养，减少“花而不实”，以早疏为宜，“疏果不如疏花，疏花不如疏花芽”，所以人工疏花疏果一般分三步进行。第一步，疏花芽。即在冬剪时，对花芽形成过量的树，进行重剪，着重疏除弱花枝、过密花枝、回缩串花枝，对中、长果枝破除顶花芽；在萌动后至开花前，再根据花量进行花前复剪，调整花枝和叶芽枝的比例。第二步，疏花。在花序伸出至花期，疏除过多的花序和花序中不易坐优质果的次生花。疏花一般是按间距疏除过多、过密的瘦弱花序，保留一定间距的健壮花序；对坐果率高的树种和品种可以进一步对保留的健壮花序只保留 1～2 个健壮花蕾，疏去其余花蕾。第三步，疏果，在落花后至生理落果结束之前，疏除过多的幼果（见定果）。

定果是在幼果期，依据树体负载量指标，人工调整果实在树冠内的留量和分布的技术措施，是疏花疏果的最后程序。定果的依据是树体的负载量，即依据负载量指标（枝果比、叶果比、距离法、干周及干截面积法等），确定单株留果量，以树定产。一般实际留果量比定产留果量多留 10%～20%，以防后期落果和病虫害造成减产。定果时先疏除病虫果、畸形果、梢头果、纵径短的小果、背上及枝杈卡夹果，选留纵大果、下垂果或斜生果，依据枝势、新梢生长量和果间距，合理调整果实分布，枝势强，新梢生长量大，应多留果，果间距宜小些，枝势弱，新梢生长量小，应少留果，果间距宜大。对于生理落果轻的树种品种定果可在花后1周至生理落果前进行。定果越早，越有利于果实的发育和花芽分化。否则，应在生理落果结束后进行定果。

② 化学疏花疏果。化学疏花疏果是在花期或幼果期喷洒化学疏除剂，使一部分花或幼果不能结实而脱落的方法。

优点：具有省时省工、成本低，疏除及时等。

缺点：因疏除效果受诸多因素（影响药效的因素多）的影响，或疏除不足，或疏除过量，从而致使这项技术的实际应用有一定的局限性。

分为化学疏花和化学疏果。

化学疏花 化学疏花是在花期喷洒化学疏除剂，使一部分花不能结实而脱落的方法。

化学疏花常用药剂有二硝茎邻甲苯酚及其盐类、石硫合剂等。可以灼伤花粉和柱头，抑制花粉发芽和花粉管伸长，使花不能受精而脱落。化学疏花一般在1～3 d喷洒，早花开放已完成授粉受精，疏除晚开的花，但对于未开放的花朵则无效，因此对于花期较长的树种，喷一次疏除效果较差，可据实际情况，连喷2～3 次。化学疏花由于影响药效的因素较多，有时难以达到稳定的疏除效果。

化学疏果 化学疏果是在幼果期喷洒疏果剂，使一部分幼果落的疏果方法。化学疏果省时省工，成本低，但药效影响因素较多，难以达到稳定的疏除效果，一般配合人工疏果。化学疏果常用药剂有西维因、萘乙酸和萘乙酰胺、敌百虫、乙烯利等。喷施后通过改变内源激素平衡，或干扰幼果维管系统的运输作用，减少幼果发育所需的营养物质和激素，从而引起幼果脱落。化学疏果剂的使用时期一般在盛花后 10～20 d，不同药剂有效使用浓度不同，同一药剂在不同果树，不同的气候及树势条件下存在较大差异。因此在化学疏果时，施用浓度不宜过大，并应结合人工疏果措施。

疏花疏果剂 用于疏除花、幼果的化学药剂及生长调节剂。分为疏花剂、疏果剂及疏花疏果剂。疏花剂是于花期喷施，可有效疏除花朵或抑制坐果，主要有二硝基邻甲苯酚、石硫合剂等。疏果剂是于幼果期喷施，起到疏除幼果作用的药剂，如萘乙酸、萘乙酰胺、西维因、敌百虫等，疏花疏果剂是既可疏花又可疏幼果的药剂，如乙烯利。

（三）果形调控

果实的形状和大小是重要的外观品质，它直接影响果实的商品价值。不同品种，有其特殊的形状，如鸭梨在果梗处有“鸭头状突起”。消费者不但要求果实风味好，而且要求果实具有良好的外观。努力提高果实的外观品质，是适应目前竞争日益激烈的市场、提高果树和产效益的重要措施之一。

1. 影响果形的因素及果形调整

果形除取决于品种自身的遗传性外，还受砧木、气候、果实着生位置和树体营养状况等因素影响而产生较大的变化。

① 树种、品种。果实原形状首先受到遗传特性的影响。不同的品种，其果形相对稳定。

② 砧木。相同的品种，嫁接在生长势强的砧木上，比在生

长势弱的砧木上所结的果实果形指数大。果形指数是果实的纵径与横径之比。对有些果树如苹果，果形指数是反映其品质好坏的重要指标，果形指数大的果实商品性较好。

③ 气候。对许多果树的研究表明，春末夏初冷凉气候条件有利于果形指数的增加。如在我国西北地区红星苹果果形指数较大。

④ 着果位置。鸭梨花序基部序位的果实，具有典型鸭梨果形的果实比例较高，随着序位的增加，其比例降低。因此，在疏花疏果时，鸭梨应尽量保留下垂果。

⑤ 树体营养状况。大部分果树在花期前后要进行果实细胞分裂，此时的营养状况，对果实的大小和形状有很大影响。苹果在大年时，不但果个小，而且果实扁。大量的研究结果证明，凡是能够增加树体营养的措施，特别是增加贮藏养分水平的措施，都有利于果实果形指数的提高。

2. 提高果实外观质量的技术措施

（1）促进果实着色技术

果实的着色程度，是外观品质的又一重要指标，它关系到果实的商品价值。我国果品通常着色差，这是在国际和国内市场上缺乏竞争力的重要原因之一。

果实着色状况受多种因素的影响，如：品种、光照、温度、施肥状况、树体营养状况等。在生产实际中，要根据具体情况，对果实色素发育加以调控。

① 改善树体光照条件。大量研究证明，光是影响果实红色的重要因素。要改善果实的着色状况，首先要有一个合理的树体结构，保证树冠内部分的充足光照。以苹果为例，我国传统的树

形主要是疏散分层形，此树形树冠过大，且留枝量过多，会造成树冠郁蔽，冠内光照不良。目前，大量应用的纺锤形或细长纺锤形的树形，改善了冠内的光照，提高了优质果的比例。据孙建设研究，光照与果实中糖分和花青素的含量有直接关系。

② 果实套袋。果实套袋最初是为防止果实病害而采取的一项管理技术措施。果农在应用中发展，套袋除可防止果产病害外，在成熟前摘袋，还可促进果实的着色。这种现象，一经发现，以促进果实着色为目标的果实套袋技术开始被广泛运用。近年来，我国在苹果、梨、桃、葡萄等果树生产上，越来越多地应用套袋技术，对改善果实着色起到了重要的作用。

果实套袋对提高果实外观品质效果显著，除了可促进果实着色、减轻果实病虫害外，还具有提高果面光洁度、减轻果实中农药残留等作用。此外，在雹灾频繁发生的地区，还具有避免或减轻雹害的效果。但套袋也有不利的一面：首先，套袋降低果实中可溶性固形物的含量，果实口味变淡，贮藏性能降低；其次，近年来发现，在夏季雨量大的年份，由于袋内高温高湿，在果实萼部周围发生黑褐色斑点，严重时遍布整个果实；另外，在苹果上套袋有时会加重果实日烧。与套袋的优点相比，孰轻孰重，要看生产的实际情况。我国现阶段果实品质的主要问题是外观品质差，着色不良。因此，目前套袋对提高果实外观品质和果园经济效益还是切实可行的有效措施。

果实套袋技术对果袋的质量、套袋及摘袋的时期、摘袋后的管理等都有较严格的要求，如掌握不好，会给生产造成一定的损失。以苹果为例，套袋的技术要点如下：

果袋质量 果袋用纸应是木浆纸，要求具有较强的耐水性和耐日晒能力，在长时期野外条件下，不变形、不破裂。纸袋的大小应根据所套果实大小确定。纸袋多数为双层，也有单层和三层。双层袋外袋的外表面为灰色或黄绿色、内表面为黑色，内袋为红色或深蓝色半透明纸袋。单层袋与双层袋的外袋或相同，可为黄色半透明纸袋。三层袋地在双层袋子的外袋与内袋间加一层双面黑色的纸袋。双层袋增加果实色泽的作用强于单层袋，但成本较高。三层袋在日本主要用于生产红色陆奥果实。对于梨和葡萄，使用报纸做成的专用果袋应用也很普遍。

套袋时间及要求 套袋在定果后进行，套袋前应对果实全面喷施杀菌剂及杀虫剂一次，以清除果实上的病虫。套袋前将果袋撑开，套袋时应注意避免损伤果柄。袋口封闭要严，以防害虫进入袋内。

除袋 对于梨等非红色果皮，通常套袋果实至采收时也不除袋，但对于以获得红色果实为主要目的套袋果实，必须在采收前除袋。除袋时间一般在果实采收前1个月左右。为防止日烧的发生，除单层袋时，先把外袋除去，待果面呈现黄色或有淡红晕后（2～3 d后）再除去内袋。除内袋应在晴天中午（10～14时）进行。除袋后数天的日照状况对果实着色十分重要，因此，应尽量选择连续晴天时除袋。

③ 摘叶和转果。摘叶和转果的目的是使果实全面着色。摘叶一般分几次进行，套袋果在除外袋的同时进行第一次摘叶，非套袋果在采收前30～40 d开始，此次摘叶主要是摘掉贴在果实上或紧靠果实的叶片，数天后再进行第二次摘叶。第二次主要是摘除遮挡果实着光的叶片。摘叶时期不可过早，否则会降低果实含糖量并影响果实增大，同时还应注意，不可一次摘叶过量，特别是套袋果第一次摘叶时，如果摘叶过多，会造成果实日烧。

转果在果实际成熟过程中应进行数次，以实现果实全面均匀着色。方法是轻轻转动果实，使原来的阴面转向阳面，转动时作要轻，以免果实脱落。为防止果实回转，可将果实依靠在枝杈处。对于无处可依又极易回转的果实，可用橡皮筋拉在小枝之间，然后，把果实靠在橡皮筋上，也可用透明胶带固定。

结合摘叶和转果，应采用支、拉等方法，改变小枝的角度和位置，使树冠内所有部位充分着光。

④ 树下铺反光膜。摘叶和转果只能解决果实正面和侧面的光照条件，但果实下部的光照很难解决。在树下铺反光膜，可显著地改善树冠内部和果实下部的光照条件，生产了全红果实。铺反光膜一定要和摘叶结合使用，在果实进入着色期进开始铺膜。

⑤ 应用植物生长调节剂。应用生长调节剂促进果实着色，是果树工作者长期努力研究的课题之一，并取得了很大的成效。

（2）提高果面洁净度的措施

除果实着色状况外，果面的洁净度也是影响果实外观品质的重要指标。在生产中，因农药、气候、降雨、病虫危害、机械伤等原因，常造成果面出现裂口、锈斑、煤烟黑、果皮粗糙等现象，多发的年份会严重影响果实的商品价值，造成经济效益下降。由于影响因素很多，所以克服难度较大。目前在生产上能够提高果实洁净度的措施主要有。①果实套袋使果实处于完全的被保护状态，能有效地提高果面的光洁度。②合理使用农药。许多研究证明，农药使用的时期及浓度不当，会造成果锈加重苹果的某些品种如金冠，在幼果期喷施波尔多液。如在幼果期喷施保护剂，在一定程度上可减轻果锈的发生。③加强植物保护，防止果面病虫害。④使用植物生长调节剂。

（四）防止采前落果

1. 防止由于品种造成的采前落果

采前落果是指在果实成熟前不久，由于品种特性使枝条与果柄间或果柄与果实间形成离层，果实非正常脱落的现象。采前落果对产量和经济效益都有影响，严重时，可造成经济收益的大幅度降低。

采前落果主要是由品种特性造成的。苹果、梨、柑橘等多种果树中的许多品种具有采前落果的习性。目前对采前落果唯一有效地防止方法是施用植物生长调节剂。

2. 防止由于灾害造成的采前落果

采收前，经常会发生灾害性落果。灾害性落果主要是指在果实成熟前由于大风、干旱、病虫等灾害造成的果实脱落。对灾害性落果的预防，应针对具体情况，采取相应措施。

（1）防风

大风是造成灾害性落果的最主要原因。往往一场大风过后，落果遍地，严重时产量全无。因此，生产上应加强防风，特别是在采收前经常发生大风的地区要加强风灾的预防。防风的措施主要有：果实加固。对果实及枝条采用支、吊等方法进行加固，是减轻由于风害造成落果的最有效方法。如日本梨树栽培采用水平棚架绑缚栽培可大幅度减轻风的危害。降低风速。采用防护措施，可降低风速。主要有建立防风林，设立防风网和防风障等。

（2）合理灌溉

目的是减轻干旱造成的落果。

（3）加强后期植物保工作

这项工作可防止因病虫害造成的落果。

3. 果实采收与采后处理

采收是果园生产的最后工作，同时又是果品贮藏的开始，因此采收起到承上启下的作用是果树生产的重要环节。如果管理不善，会使产量降低，品质下降，还会影响果实的贮藏性能，大幅度降低果园的经济效益。

（1）采收前的准备

① 估产。采收是时间性很强的工作，特别是对一些核果类果树，其成熟速度快，适采时间短，必须及时完成，否则会造成不应有的损失。因此，在采收前需对果园的产量进行估测。之后根据估产的结果，合理安排劳力，准备采收前用具和包装材料等。

估产一般在全年进行两次，即6月落果后和采前1个月，后一次尤为重要。估产的方法是根据果园的大小，按对角线方式随机抽取一定数量的果树，调查其产量情况，再换算成全园的产量。抽样时应注意：所调查的树应具有代表性，要避开边行和病虫害严重危害的树。调查时一般按每公顷10株抽样。

② 采收工具的准备。估产后，应根据劳力状况合理安排采收进程，并准备采收用具。我国采收多用果筐，筐内应用柔软材料垫衬，以防止果实碰伤，国外采收用采果袋由金属和帆布做成，可减轻果实损伤。

除采收工具外，还必须根据估产结果，准备包装容器。包装容器不可有锐利边角。我国现在主要用纸箱。

（2）采收期的确定

采收期的早晚对果实的产量、品质及耐贮性都有很大影响。采收过早，果实个小，着色差。可溶性固形含量低，贮藏过程中易发生皱皮萎缩，采收过晚，果实硬度下降，贮藏性能降低，树体养分损失大。

① 果实成熟度。根据用途，果实成熟度可分为可采成熟度、食用成熟度和生理成熟度三种。

可采成熟度 此时果实体积已达到可采收的标准，但并未完全成熟，其应有的风味还未充分表现出来，果肉硬度大，不适宜立即鲜食。需要远途运输、贮藏和加工成蜜饯的果实在此时采收。

食用成熟度 此时果肉已充分成熟，并表现出该品种特有的色、香、味。果实内可常溶性固形物含量达到最高，食用品质最佳。此时采收适用于当地销售、加工果酒、果酱、果汁等，但不适于长途运输和贮藏。

生理成熟度 此时不但果实充分成熟，种子在生理上也达到充分成熟。此时果肉内有机物已开始水解，硬度下降落伞，风味变淡，食用品质降低。但达到生理成熟度后，果实的种子饱满，贮藏营养充足。以种子为可食部位或育种时采种的果树，应在此时采收。

② 成熟度的确定与果实采收。对于有些果实上述三种成熟度是一致的，有些则相差甚远。前者如就地销售的晚熟品种桃，采收时种胚已充分发育成熟，后者如西洋梨的绝大部分品种，采收后必须经过一段时间的后熟才可食用。在生产中应根据具体需要，在不同的成熟期采收果实。果实成熟的确定主要有以下几种

方法：

果实的色泽 大部分果实在成熟过程中果皮的色泽会发生明显的变化。如：果皮中叶绿素逐渐分解，底色中绿色减退，黄色增加，红色品种逐渐显现出其特有的色泽。对大多数品种来说，底色由绿转黄是果实成熟的重要标志。目前我国大部分果园采用这种方法。此法的优点是简便易行，容易掌握。缺点是判断准确性差，缺少具体指标，主要靠经验。

根据盛花期后的天数 果实从坐果至成熟所需的发育天数，在一定的条件下是相对稳定的。因此可根据某一品种的果实盛花期后发育期的天数，来推算其成熟期。

糖量（或可溶性固形物含量） 果实的含糖量也是果实成熟的标准之一。

硬度 随着成熟度增加，果实的硬度逐渐降低，因此，根据果实的硬度可判断其是否成熟。

采收期的确定除要考虑果实的成熟度外，更重要的是要根据果实的具体用途和市场情况来确定。如：不耐贮运的鲜食果应适当早采，在当地销售的果实要等到接近食用成熟度时再采收。如果市场价格高，经济效益好，应及时采收应市。相反，以食用种子为主的干果及酿造用果，应适当晚采，使果实充分成熟。有些果树种的果实需经后熟后才可食用，如西洋梨、涩柿、香蕉等，这些果实在确定采收期时，主要根据果实发育期、果实大小等指标。

③ 采收方法。果实采收的方法，因树种不同而有很大差别。根据是否使用机械可分为人工采收和机械采收两类。

采收的要求 果树的种类很多，果实形状千差万别，其采收的方法也各不相同，但采收的要求原则上是相同的。

采收时应尽量避免损伤果实，如压伤、指甲伤、碰伤、擦伤等，果实受伤后，病菌容易侵染果实，导致果实腐烂。受伤的果实即使不腐烂其贮藏性也降低。为减轻果实受到伤害，采收时最好戴手套，做到轻拿轻放。

一株树采收时应按先下后上，先外后内的顺序进行，以免碰伤和碰落果实。采收时还要注意避免碰伤枝芽，造成来年的产量损失。

对成熟度不一致的树种或品种应分期采摘，以提高果实的品质和产量。国外为了提高果实品质，在包括苹果在内的许多树种上均采用分期采收。

（3）采收方法

对果柄与果枝易分离的树种，如核果类和仁果类果树可用手直接采摘，对于柑橘、葡萄、龙眼、荔枝等果柄不易脱离的果实，应用剪刀剪取果实或果穗，仁果类采收时用手轻握果实，食指压住果柄基部（靠近枝条处），向上侧翻转果实，使果柄从基部脱离。采收果实时注意要保留果柄，以免果实等级降低，造成经济损失。

（4）采后处理

① 果实清洗与消毒。许多果实采收后，果面上沾有许多尘土、残留农药、病虫污垢等，严重影响果实的外观品质。如不清洗，会降低果实的商品性，也会加大在贮运过程中的果实腐烂程度。常用的清洗剂主要有稀盐酸、高锰酸钾、氯化钠、硼酸等水溶液。有时为了洗掉果面上的有机污垢，可在无机清洗剂中加入少量的肥皂液或石油。总之，果实清洗消毒剂的种类很多，应根

据果实种类和主要清洗物进行筛选。但无论是何种清洗剂，必须满足以下条件，可溶于水，具有广谱性，对果实无药害且不影响果实风味，对人体无害并在果实中无残留，对环境无污染，价格低廉。

② 果实涂蜡。为了进一步提高果品的质量，美国、英国、日本等发达国家的苹果、梨、柑橘类果实在清洗完毕后，要进一步对果实涂蜡。涂蜡可增加果实的光泽、减少在贮运过程中果实的水分损失、防止病害的侵入。果实涂蜡的成分主要是天然或合成的树脂类物质，并在其中加入一些杀菌剂和植物生长调节剂。果实涂蜡的方法主要有蘸蜡、刷蜡、喷蜡。涂蜡要求蜡层薄厚均匀。此外，应特别注意果实涂蜡不能过厚，否则会阻碍果实的正常呼吸作用，在贮运过程中产生异味，导致果实风味迅速变劣。

③ 分级。果实在包装前要根据国家规定的销售分级标准或市场要求进行挑选和分级。果实分级后，同一包装中果实大小整齐，质量一致，利于销售中以质论价。同时，在分级中应剔除病虫果和机械伤果，减少在贮运中病菌的传播和果实的损失。筛选出来的果实可用作加工原料或及时降价处理，减少浪费。

④ 包装。包装可减少果实在运输、贮藏、销售中由于摩擦、挤压、碰撞等造成的果实伤害，使果实易搬运、码放。作为包装的容器应具备一定的强度，保护果实不受伤害。材质轻便便于搬运，容器的形状应便于码放，适应现代运输方式价格便宜。我国过去的包装材料主要采用筐篓。随着经济的发展，包装材料有了很大变化，目前的包装材料主要为纸箱、木箱、塑料箱等。包装的大小应根据果实的种类、运输的距离、销售方式而定。易破损果实的包装要小，如草莓、葡萄等。苹果、梨等可适当大些，但为了搬运方便，一般以10～15 kg为宜。

国外一些发达国家果实的采后处理，已全部实现机械化。即把果实清洗、消毒、涂蜡、分级、包装、入冷库等程序在一条现代化流水线上全部完成。

六、梨的土、肥、水管理技术

（一）土壤管理

1. 幼年果园土壤管理

（1）树盘（树冠投影范围）的管理

树盘内的土壤可以采用清耕或清耕覆盖法管理。

干旱炎热季节用秸秆、杂草覆盖，其余时间清耕，即要常中耕松土，保持土壤疏松休闲无杂草。中耕的深度以不伤根系为宜。

覆盖的益处：保水，稳定土温，增加有机质；保持土壤疏松，防止土壤流失，抑制杂草。

覆盖时注意：要在离主干20 cm至树冠外围30 cm处；先中耕松土，后盖草；厚度10～20 cm；雨季不得覆盖。

（2）果园间作

除了密植果园外，一般密度果园幼树栽植后，果园空地多，应间作。

作用：增加土壤有机质和其他养分；抑制杂草，减少蒸发和水土流失；缩小地表温度变幅，改善生态条件，利于果树生长发育。

间作物选择的条件：植株矮小、不具攀缘性、不同果树争光；生育期短，与果树的需水临界期和吸收养分的高潮错开；最能增加土壤有机质和土壤肥力，改良土壤；病虫害少，与果树无共同病虫，不能是果树病虫害的中间寄主；适应性强，耐阴，耐踏压，枝叶产量高，覆盖厚；能提供较多该果园土壤或果树缺乏的元素。

常用间作物：

豆科绿肥作物：大豆、绿豆、花生、豌豆、苕子等；药用植物：白菊、甘草、党参、红花、芍药等；块根、块茎作物：马铃薯、萝卜等；另外像叶菜、根菜类蔬菜。

种植间作物注意：间作物要在树盘之外一定距离（50～80 cm）；应该轮作；间作物的秸秆应还田（粉碎或堆肥）。

2. 成年果园土壤管理

（1）清耕法（耕后休闲法）

果园内不种任何作物，经常进行耕作，使土壤保持疏松和无杂草状态。

其做法是：在果实采收或落叶后秋耕一次，深 20 cm 左右，春季多次中耕除草，深 6～10 cm。

优点：土壤疏松、通气、提高地温，短时间内利于微生物活动，有机态氮增加；减少杂草、病虫；保水、保肥。

缺点：长期清耕，有机质减少，土壤结构被破坏，山坡地冲刷严重。

（2）生草法

树盘内清耕或施用除草剂，果树行间播种禾本科、豆科等草种的土壤管理法。目前大多数国家采用。

优点：增加土壤有机质，改善土壤理化性状；防止土、肥、水流失，特别是坡地果园；缓和地表温度的剧烈变化；节约劳力，省工。

缺点：长期生草，易使表层土板结，影响通气；蒸发量大，与果树争夺水分、养分；根系上浮，容易生病虫。

为克服缺点，生草法要保证供水，增加施肥量特别是氮肥用量，常刈（yì 本意是割草）割。宜在缺乏有机质、土层较厚的坡地果园和肥水条件好的平地果园采用。

（3）覆盖法

在树冠下或稍远处覆以杂草秸秆、沙砾、淤泥或地膜等，不同果园应根据土质情况就地取材。

果园以覆草最为普遍，覆草厚度 5～10 cm，覆后逐年腐烂减少，要不断补充新草。

优点：能防止水土流失，抑制杂草生长，减少蒸发，防止返碱，缩小地温昼夜与季节变化幅度；能增加有效态养分和有机质含量，并能防止磷、钾和镁等被土壤固定而成无效态，对团粒形成有显著效果，因而有利于果树的吸收和生长。

缺点：覆草招致虫害和鼠害、使果树根系变浅等。

（4）免耕法

又叫最少耕作法。主要利用除草剂除杂草，土壤不进行耕作。土层深厚、土质较好的平地果园免耕法比较好。

（5）休闲轮作

种植某种园艺作物后休闲一段时间，具有使土壤肥力自然恢复和提高，减轻作物病虫草害，合理利用农业资源，经济有效地提高作物产量的优点。

3. 土壤改良

（1）土壤熟化

在有效土层浅的果园、菜地、花圃土壤进行深翻改良非常重要。深翻可改善根际土壤的通透性和保水性，从而改善园艺植物根系生长和吸收的环境，促进地上部生长，提高园艺产量和品质。在深翻的同时，施入腐熟有机肥，土壤改良效果更为明显。一年四季均可进行深翻，但一般在秋季结合施基肥深翻效果最佳，且深翻施肥后立即灌透水，有助于有机物的分解和园艺作物根系的吸收。

（2）不同类型土壤的改良和配制

黏性土：在掺沙的同时混入纤维含量高的作物秸秆、稻壳等有机肥，可有效地改良此类土壤的通透性。

沙性土：常采用“填淤”（掺入塘泥、河泥）结合增施纤维含量高的有机肥来改良。近年来国外已有使用“土壤结构改良剂”的报道。改良剂多为人工合成的高分子化合物，施用于沙性土壤作为保水剂或促使土壤形成团粒结构。

（3）劣质土壤的改良

① 盐碱地的改良：适时合理地灌溉，洗盐或以水压盐。多施有机肥，种植绿肥作物如苜蓿、草木樨、百脉根、田菁、扁蓿豆、偃麦草、黑麦草、燕麦、绿豆等，以改善土壤不良结构，提高土壤中营养物质的有效性。化学改良，施用土壤改良剂，提高土壤的团粒结构和保水性能。中耕（切断土表的毛细管），地表覆盖，减少地面过度蒸发，防止盐碱上升。

② 黏重土壤的改良：掺沙，又称客土，一般 1 份黏土+两三份沙。增施有机肥和广种绿肥作物，提高土壤肥力和调节酸碱度。但尽量避免施用酸性肥料，可用磷肥和石灰（750～1 050 kg/hm^2）等。适用的绿肥作物有：肥田萝卜、紫云英、金光菊、豇豆、蚕豆、二月兰、大米草、毛叶苕子、油菜等。合理耕作，实施免耕或少耕，实施生草法等土壤管理。

③ 沙荒地的改良：设置防风林网，防风固沙。发掘灌溉水源，地表种植绿肥作物，加强覆盖。

培土填淤与增施有机肥结合。施用土壤改良剂。

（4）土壤酸碱度的调节

土壤过酸时可加入磷肥、适量石灰，或种植碱性绿肥作物如肥田萝卜、紫云英、金光菊、豇豆、蚕豆、二月兰、大米草、毛叶苕子、油菜等来调节。

土壤偏碱时宜加入适量的硫酸亚铁，或种植酸性绿肥作物如苜蓿、草木樨、百脉根、田菁、扁蓿豆、偃麦草、黑麦草、燕麦、绿豆等来调节。

（二）梨树的施肥技术

1. 时期

（1）基肥

基肥通常在萌芽前施入，以有机肥料为主，配合完全的氮、磷、钾和微量元素等无机肥，是均匀长效地供给作物多种养分、且有利于改善土壤理化性状的基础肥料。常用的有机肥有堆肥、厩肥、饼肥、粪肥、鱼粉、骨粉、河泥、腐殖酸肥以及绿肥、作物秸秆、杂草等；配合施用的无机肥有尿素、硫铵、过磷酸钙、钙镁磷肥、复合肥等。

（2）追肥

追肥是基肥的补充。基肥发挥肥效平稳缓慢，当园艺植物需肥量大时必须及时补充速效性肥料，才能满足作物生长发育的需要，而且可以避免肥料过分集中而产生的不良效果。追肥一般在作物吸肥数量大而集中的时期前进行。

追肥的4个时期：

花前追肥（萌芽肥）：在春季萌芽期施用，主要是为了满足萌芽开花的需要。肥料种类以氮为主，适量配合磷肥。

花后追肥（稳果肥）：在谢花后坐果期施用，目的是促进幼果发育，减少生理落果。

果实膨大期追肥（壮果肥）：促进果实肥大，并为来年结果打基础，克服大小年结果。以氮、磷、钾配合施用。

采果肥：在采果前后及时补施速效氮肥及钾肥。及时补充营养，提高花芽分化质量。

1. 环状施肥法　2. 放射状施肥法　3. 穴状施肥法　4. 半环状施肥法

图 6-1　几种常用施肥方式

2. 施肥技术

（1）土壤施肥

土壤施肥是根据植物根系分布特点，将肥料施在根系集中分布层内，便于根系吸收，发挥肥料最大效用。以果树为例，生产上常用的施肥方法有以下几种（图 6-1）：

① 撒施：包括全园撒施和局部撒施。

② 环状施肥：又叫轮状施肥，是在树冠投影外围稍远处挖环状沟进行施肥。

③ 放射沟施肥：在距树干 1 m 远处向外挖辐射状沟 4～8 条，长度应超过树冠投影的外缘，且内浅外深，内窄外宽，施肥后覆土即可。

④ 条沟施肥：在果树行间开沟施肥。

⑤ 灌溉式施肥：是将肥料掺入水中，与灌溉尤其是喷灌、

滴灌结合进行的一种施肥方法。这种方法供肥及时，分布均匀，不伤根系，不破坏耕作层土壤结构，节省劳力，肥料利用率高。

（2）根外追肥

根外追肥又称叶面喷肥，是利用叶片、嫩枝及幼果的气孔、皮孔和角质层具有的吸收能力将液体肥料喷施于植株表面的一种追肥方法。根外追肥是土壤追肥的有效补充。

肥料：尿素、磷酸二氢钾、硼酸、硼砂、硫酸亚铁、硫酸锌、硝酸钙、氯化钙、草木灰浸出液为主，还有稀土、高美施等。

时间：无风、晴朗、湿润的天气，夏季最好在上午 10 时以前或下午 4 时以后，以免因气温高引起肥液浓缩，影响叶片吸收和发生药害。喷施部位一般以幼嫩叶片和叶背面为主，因这些部位吸收能力更强。若在幼果期喷施硝酸钙以提高果实含钙量，则应以果实为主要喷布部位，因为叶片吸收的钙很难输送到果实。

3. 果园绿肥

凡是用做肥料的植物绿色体均称为绿肥，是一种重要的有机肥源。

（1）绿肥的作用

增加土壤可给态养分；增加土壤有机质，改良土壤理化性状；使果树根系发达，吸收能力增加。

（2）果园绿肥的用法

①翻压（成龄果园）。将种植的绿肥在初花期至花荚期直接翻入土中，使其腐烂作肥。

② 刈（yì）割沟埋。在树冠外围挖沟，将刈割的绿肥与土分层埋入沟中，覆土后灌 1 次水（幼龄或行距较大的果园）。

③ 覆盖树盘。利用刈割的鲜料覆盖树盘或放在树行间作

肥料。

④ 沤制。将刈割的鲜料集中于坑中堆沤，然后施入果园。

（3）注意事项：

① 在绿肥生长期要施适量的氮、磷、钾肥，以缓解绿肥作物与果树争肥的矛盾。

② 压青后适当灌水，以加速绿肥腐烂分解。

③ 尽量选用矮生或半匍匐生长的绿肥作物，高秆绿肥作物要及时刈割。

④ 播种多年生绿肥作物，4～5 年需翻耕重新播种。

（三）水分生理和水分管理

1. 灌溉时期

萌芽开花期：供水充足可以防止春寒、晚霜的危害，可促进新梢生长，增大叶面积，促进光合作用，有利于开花结果，为丰产打下基础。

花后幼果膨大期：是果树需水的临界期，供水不足会引起新梢生长与果实生长之间的水分竞争，严重时能引起生长势减弱，落果严重。

养分积累期：是植物积累并形成养分的时期，又是植株细胞体积增大的主要时期，此时植株生长最为旺盛，是需水量最大的时期，应勤浇水，多浇水，保证植株生长、养分积累的水分需求。

开花期：对水分较为敏感，水分亏缺易引起落花落果，水分过多又会引起植株徒长，所以果实、蔬菜在开花初期应适当节制浇水，待第一茬果实坐果后再大量供水。

2. 灌水量

灌水量应根据植物的种类、品种、季节、土壤含水量、降雨、空气湿度、生长发育特点、生态习性等多方面因素来确定，所以很难有一个统一的标准，并且不同灌溉方式间灌水量也不尽相同。

梨树灌水量一般遵循以下原则：适宜的灌水量要在1次灌溉中达到根系分布的主要区域，并达到田间最大持水量的60%~80%，尤其是春季灌溉要1次性浇透，这样有利于土温升高。夏季灌水量宜少，但要增加灌水的次数，利于降低土温。冬前灌冻水要量大，使水分渗透到1 m或1 m以下的土层，有利于果树越冬。沙土增加浇水次数，盐碱地灌溉量不宜太大。

果树的灌水量从理论上讲可以按下列公式计算：

灌水量=灌溉面积×土壤浸润深度×土壤容重×（田间持水量－灌溉前土壤湿度）

3. 灌溉方式

（1）地面灌溉

地面灌溉需要很少的设备，投资少，成本低，是生产上最为常见的一种传统的灌溉方式，包括漫灌、树盘灌水或树行灌水、沟灌、渠道畦式灌溉等。

平原区果园地面灌水多采用漫灌、树盘灌水或树行灌水、沟灌等灌溉方式。

（2）喷灌

喷灌又称为人工降雨，是利用喷灌设备将水分在高压下通过喷嘴喷至空中降落到地面的一种半自动化的灌溉方式。喷灌可以结合叶面施肥、药物防治病虫害等管理同时进行。

优点：具有节约用水、易于控制、省工高效等优点，不破坏土壤结构，能冲刷植株表面灰尘，调节小气候，适用于各种地势。

缺点：但其设备投入较大，在风大地区或多风季节不能应用。应用喷灌方式灌溉时雾滴的大小要合适。

喷灌有固定式、半固定式和移动式3种方式。果园中树冠上喷灌多采用固定式喷灌系统，喷头射程较远。树冠下灌溉一般采用半固定式灌溉系统，也可采用移动式喷灌系统。果园喷灌按喷水高度又分3种：一是高于树冠的；二是树冠中部的；三是树冠以下临近地表面的，后者用小喷头，又称微喷。

（3）滴灌

滴灌是直接将水分或肥料养分输送到植株根系附近土壤表层或深层的自动化与机械化结合的最先进的灌溉方式。

具有持续供水、节约用水、不破坏土壤结构、维持土壤水分稳定、省工、省时等优点，适合于各种地势，其土壤湿润模式是植物根系吸收水分的最佳模式。现广泛应用于果树、蔬菜、花卉生产中。

（4）地下灌溉

地下灌溉是将管道埋在土中，水分从管道中渗出湿润土壤，供水灌溉，是一种理想的灌溉模式。该方法具有利于根系吸水、减少水分散失、不破坏土壤结构、水分分布均匀等优点。但由于管道建设费用高，维修困难，因而目前该方法正逐步被替代。

4. 排水

园艺作物正常生长发育需要不断地供给水分，在缺水的情况下生长发育不良，但土壤水分过多时影响土壤通透性，氧气供应不足又会抑制植物根系的呼吸作用，降低水分、矿物质的吸收功能，严重时可导致地上部枯萎，落花、落果、落叶，甚至根系或植株死亡。

明沟排水：是目前我国大量应用的传统方法，是在地表面挖沟排水，主要排除地表径流。

暗沟排水：多使用在不易开沟的栽植区，一般通过地下埋藏暗管来排水，形成地下排水系统。暗沟排水不占地，不妨碍生产操作，排盐效果好，养护任务轻，但设备成本高，根系和泥沙易进入管道引起管道堵塞。

井排：对于内涝积水地排水效果好，黏土层的积水可通过大井内的压力向土壤深处的沙积层扩散。此外，机械抽水、排水和输水管系统排水方法是目前比较先进的排水方式，但由于技术要求较高且不完善，所以应用较少。

5. 节水栽培

节水灌溉：在栽培过程中采用一切技术尽可能节约灌溉用水，尽量利用植物低耗水和耐旱、抗旱能力，从而获得优质高产的农产品，这就是节水栽培，其目的是提高水的利用率和水分生产率。

节水灌溉是一项系统工程，包括水土保持、土壤管理和输水、灌水、耗水等环节的节水技术。

（1）种植园节水栽培途径

实施种植园节水灌溉技术要抓好以下3个体系的工作。

① 建立工程传输节水技术体系：第一，利用天然降水，积蓄雨水或深耕蓄水，巧用雨水进行灌溉；第二，涵养水源，从当地水资源的主要来源出发，采用多种措施，补充并贮存地下水源，

地下水是农田灌溉的主要水源，从而补充了灌溉水源，有计划地多年调节地下水源，植树造林可增加蓄水量又可调节小气候，有助于补充水源，严格管理水源，严禁超采水源；第三，防止输水渠道外渗，从水源到田间输水损失占相当大的比重，因而建立严密的渠道输水系统可防止沿途渗漏和蒸发；最后还要采用合理的用水制度。

② 建立植物节水栽培技术体系：第一，改变传统的粗放经营，在播种时就给予精细管理，适当减少弱苗，培育壮苗，促进根系生长，加强水肥的吸收能力；第二，选用、培育耐旱品种，以品种的优良抗性减少灌溉，实现节水栽培目的；第三，镇压土壤表层，促进毛细上升，增加墒，提高成苗率；第四，灌溉后或解冻后松动表土，阻断毛细水上升导致蒸发散失，以土蓄水；第五，将地表覆盖，减少地表蒸发，保蓄水壤水分；第六，增施有机肥，提高土壤肥力，有利于土壤及植株的保水；第七，延迟或提早播种，错过植物生育需水期与供水期的矛盾，适时调节用水；第八，合理安排植物的种植结构。

③ 建立节水技术推广体系：第一，各级政府应给予充分的重视，并给予人力、物力及财力的支持，将节水灌溉技术推广形成一种政府行为；第二，积极宣传节水灌溉的重要性，提高全民的节水意识；第三，气象部门应给予充分的重视，做好浇关键水时的天气预报；第四，农业部门应积极抓好节水灌溉的培训工作，使农民真正做到科学用水；第五，科研机构应大力开发节水灌溉技术，目前已经研制出抗旱、保墒、保水剂，应用效果较好。

（2）种植园节水灌溉技术

① 实施先进的灌溉方式，如地表灌溉、滴灌、喷灌、定位灌溉、封闭式渠道灌溉及地下灌溉等，其中地表灌溉中是最节水

的灌溉途径是小畦灌溉和细流灌溉应制止大水漫灌的方法；小畦可以以一株果树为一畦，一般为5～15 m长。

② 合理灌水。在适当时期以最少量水获得最大的收益，这就要掌握植物对水分营养反应的特点：不同种类或品种的植物对水分的需求及水分胁迫的敏感程度有差别；在土壤条件良好的情况下，植物对水分的要求取决于其自身的蒸腾量及其生长发育阶段特点；植物种植结构、密度、栽培管理方式等也影响其对水分的需求量；水分胁迫在有些植物的生长发育及新陈代谢中具有后效作用；灌溉时间及灌溉量的确定要取决于采用的灌溉技术；此外植物对水分的需求还要考虑当地的气候条件、土壤理化性质、地形地貌等条件。因此，合理灌溉受多方面因素的综合影响。果树需水非关键时期是节水的重要时期，可以不灌溉或最少灌溉。

③ 灌溉后及时采取保墒措施，减少植株蒸腾及土壤蒸发，如用秸秆、地膜、沙石等材料覆盖，或在土表施用化学覆盖物质等。减少植株蒸腾可采用修剪、整枝、疏叶疏枝、疏花疏果、应用抗蒸腾剂、合理施肥、协调生长等措施。

七、梨的整形修剪

（一）梨树整形修剪基本知识

1. 什么是一年生枝、二年生枝和多年生枝？

梨枝（图 7-1）根据生长年限的长短，分为一年生枝、二年生枝。三年生以上的枝叫多年生枝。一年生枝在未落叶时叫新梢，又叫当年生新梢。

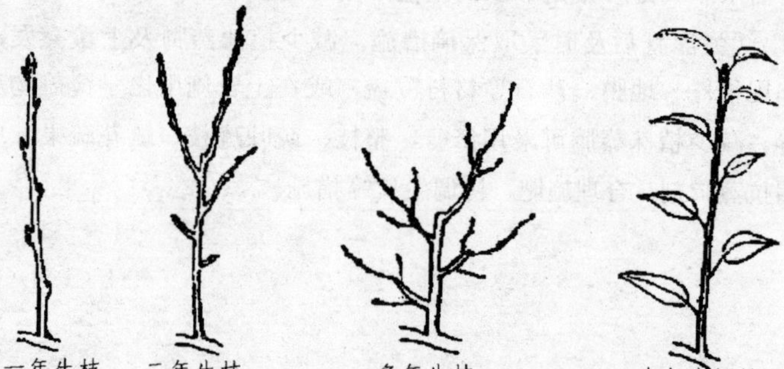

图 7-1　梨的枝条

2. 什么是梨的生长枝？

根据长度（图 7-2）可分为短枝、中枝和长枝。5 cm 内的生长枝叫短枝，5～15 cm 的叫中枝，超过 15 cm的叫长枝。梨树的短枝着生在多年生枝段上，侧芽不明显，顶芽发达，有时看起来像花芽但实为叶芽，第二年可继续延伸。幼树及初果期树内膛很多较长的枝条，都是由短枝延伸而成的。

梨生长枝（图 7-2）中，由饱满芽萌发而成的生长较充实的为发育枝。

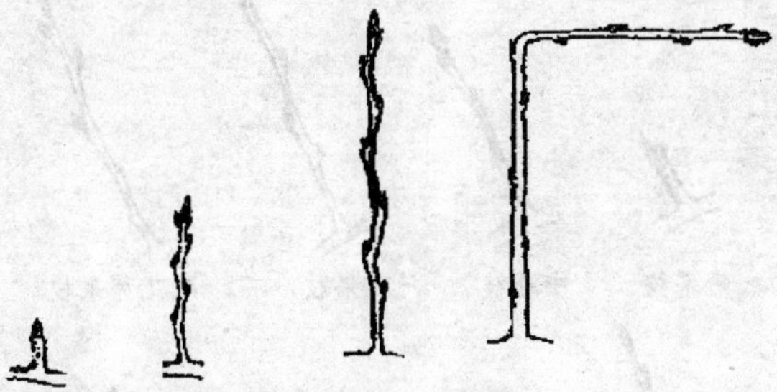

图 7-2　梨的生长枝

由枝干潜伏芽萌发的生长不充实的生长枝，叫徒长枝。徒长枝一般直立，节间长，其上芽体小，不充实，不易成花，既浪费养分，又影响光照。所以，在盛果期以前对它极少利用，只有在空缺部位和老树更新时，才对它加以保留和培养。

梨树的发育枝，其生长势有强弱之分。强发育枝生长粗壮，多直立或斜向上生长；弱枝较细长，多水平或下垂生长。生长势不同，其生长发育特性，成花结果能力均有所不同。正确认识梨树枝条的生长势，在整形修剪上是一个不可忽视的问题。

3. 什么是梨的结果枝？

有花芽的当年生枝条，叫结果枝（图 7-3）。

根据其长短不同，结果枝分为短果枝（5 cm 以下）、中果枝（5～15 cm）和长果枝（15 cm以上）。

梨树的绝大多数品种以短果枝结果为主。侧生花芽形成的果枝叫腋花芽果枝，腋花芽果枝都是中、长果枝。

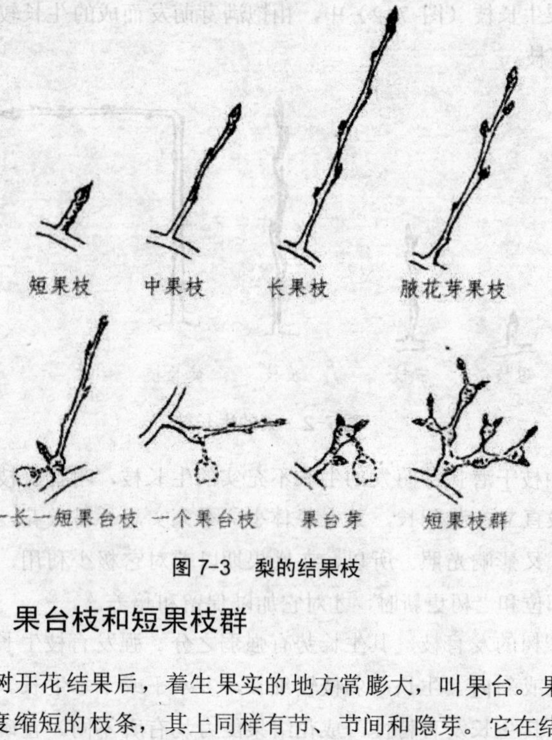

图 7-3 梨的结果枝

4. 果台枝和短果枝群

梨树开花结果后，着生果实的地方常膨大，叫果台。果台是一种极度缩短的枝条，其上同样有节、节间和隐芽。它在结果的同时，隐芽也萌发抽生一至数个枝条，叫果台枝。这是梨树的一个重要特性。果台枝在本质上与一般当年生枝无异，有长、中、短之分，也有的仅抽生为果台芽。果台枝既可以是结果枝，也可以是发育枝。

有些梨树果枝，在结果多年后就形成一个短果枝聚集的枝群，叫短果枝群——鸡爪枝。

梨树的花芽发育结果后，抽生果台枝，果台枝上若有花芽，第二年可继续开花结果，则称为有连续结果能力。

连续结果能力是对结果枝组进行修剪的一个重要依据。

与核果比的特点

梨树的生长枝和结果枝，与桃、李等核果类果树相比，区别明显。特点是：一年生发育枝侧芽萌发抽生短果枝；次年短果枝开花结果的同时抽生各类果台枝；果台枝，有花者可继续开花结果，无花者可抽生各种枝条和成花；有腋花芽结果特性的品种，其一年生枝上可直接形成腋花芽结果。

梨树的生长枝和结果枝如此周而复始，不断地生长和结果。修剪者对这一过程，要有一定的了解，以便合理地进行修剪。

5. 叶芽和花芽

叶芽较瘦小，先端尖，鳞片绒毛较多，芽内仅含有枝叶原基，萌发后只能抽生枝叶。

花芽较饱满，圆钝，鳞片有光泽。梨的花芽为混合芽即芽内除含有花器官原基外，还含有枝叶原基。它萌发后开花结果的同时，还能抽生枝叶（即果台副梢）。

6. 中间芽

外观看起来较饱满像花芽，特别是幼树期一些旺长枝条或短枝的顶芽，而实际上却是叶芽，有人称其为中间芽。

中间芽延伸生长，可成为结果枝，但若受较重的刺激，如重回缩，或生长势较旺，则延伸后只能成为发育枝。

7. 主芽和副芽

梨树枝条节上着生肉眼可见的芽称为主芽（图 7-4），主芽的两侧着生的极微小、肉眼不易见到的芽叫副芽（图 7-4）。

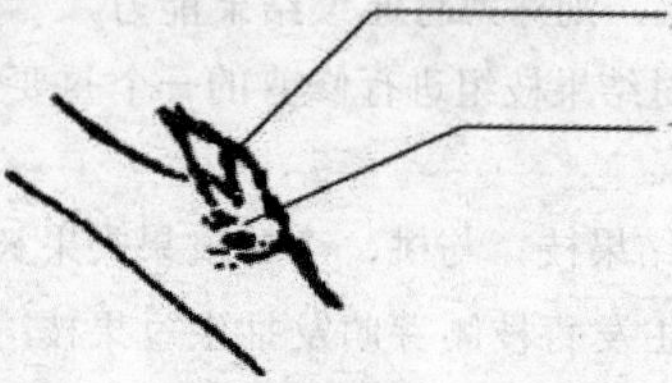

图 7-4　梨的芽

一般春季仅主芽萌发，且副芽潜伏起来成为隐芽。

当主芽受到损伤时，副芽即可以萌发，副芽抽的枝较弱。极重截或重回缩时，副芽往往萌发。

8．定芽和不定芽

着生在枝条顶端及各节上的芽，其发生位置相对固定，叫定芽。在枝干上发生位置不固定的芽，叫不定芽。不定芽多为隐芽，而且是在受刺激的情况下萌发，所抽生的枝条多为徒长枝。在梨树的根上亦有不定芽，萌发后可形成根蘖。

活动芽和潜伏芽（隐芽）

梨树枝条上当年能够萌发的芽，叫活动芽。它位于枝条下部的弱芽及副芽，当年不萌发而潜伏起来，叫潜伏芽，也叫隐芽。梨树的潜伏芽寿命很长，可达数十年，可用它进行老树更新和复壮。

9．顶芽和侧芽

梨树的顶芽和侧芽（图 7-5），既可以成为叶芽，也可以成为花芽。梨树以顶花芽结果为主，特别是短果枝顶花芽。腋花芽结果的质量，不如短果枝顶花芽结果好。这是由于短果枝在生长季节，有多个轮生叶片制造养分，供应其顶花芽的发育。形成较多的短果枝，是梨树进入丰产期的树相指标。

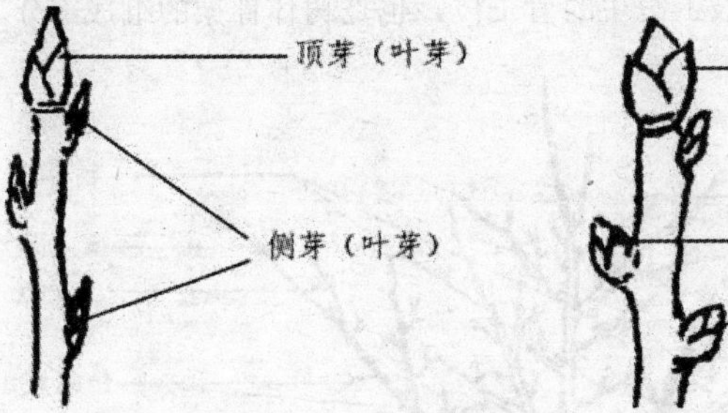

图 7-5　梨的顶芽和侧芽

10. 主干

主干是指树体地面以上至第一分枝之间的部分。主干高矮的确定是根据品种特性、立地条件和管理是否方便等多种因素，而综合考虑的。主干过低，易造成枝果拖地，施肥等管理不便，势必抬高主枝角度，这样又易造成主枝生长过旺；反之，主干过高，则采果、施药等不方便。

11. 中心干

中心干（图 7-6）是指主干以上位于树体中央的树干。梨树干性强，容易形成中心干。但是，梨树的有些树形，如开心形，在人为控制下没有中心干，避免了树体干性过强而形成上强下弱的现象。

12. 主枝、侧枝

主枝（图 7-6），是指在主干和中心干上分生的永久性的骨干枝树体骨架的组成部分。山于梨树成枝力低，枝量小，因此，整形时可适当多留主枝。

侧枝，为主枝上分生的骨干枝，也是树体骨架的组成部分。

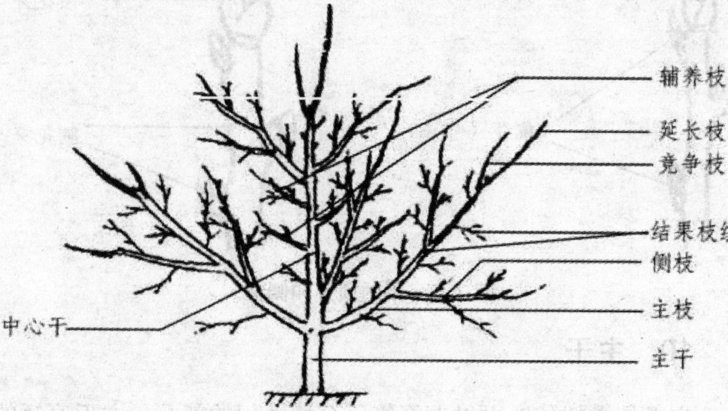

图 7-6　梨的各类枝干

13．辅养枝

辅养枝（图 7-6）是指在主干和中心干上分生的除主枝以外的、起辅养树体生长作用的大枝。可分为永久性辅养枝和临时性辅养枝。永久性辅养枝在树体上长期存在。临时性辅养枝，在果树生长的前期存在，是果树前期结果的重要部位。但是，到盛果期以后，随着树体骨架的形成和枝量的增加，根据空间的大小，被逐步疏除。

14．结果枝组

这是着生在中心干、主枝、侧枝及辅养枝等骨干枝上成组的结果枝（图 7-6），为独立的结果基本单位。结果枝组有大、中、小之分，也有形状上的差异。

15. 延长枝

延长枝是位于骨干枝及结果枝组先端剪口下第一芽萌发形成的一年生枝条（图 7-6）。它可以用于扩大树冠。有的经回缩后保留的剪口下第一枝，也叫延长枝。

16. 竞争枝

竞争枝是骨干枝及结果枝组先端剪口下第二芽萌发所形成的枝条（图 7-6）。其生长势与延长枝相近，因此叫竞争枝。修剪时，对竞争枝要加以处理。

17. 骨干枝开张角度

骨干枝开张角度（图 7-7）是指骨干枝与中心干之间的夹角。其初生处的角度叫基角，中部的角度叫腰角，最尖端的角度叫梢角。

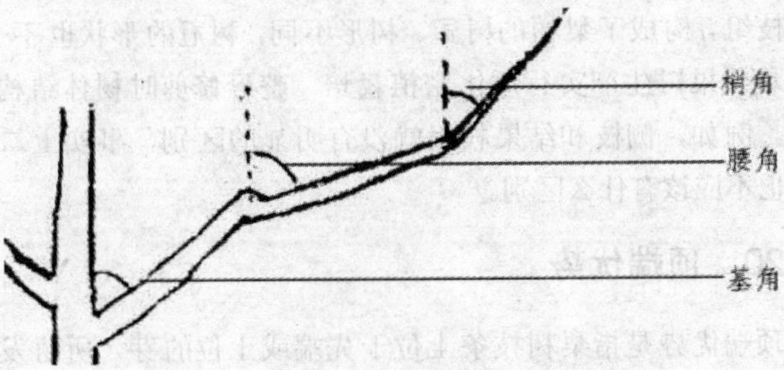

图 7-7 梨的骨干枝开张角度

18. 层内距和层间距

在疏散分层形树形上，每层主枝中最上的主枝，与最下的主枝间的距离，叫层内距（图7-8），而层与层之间的距离叫层间距（图7-8）。

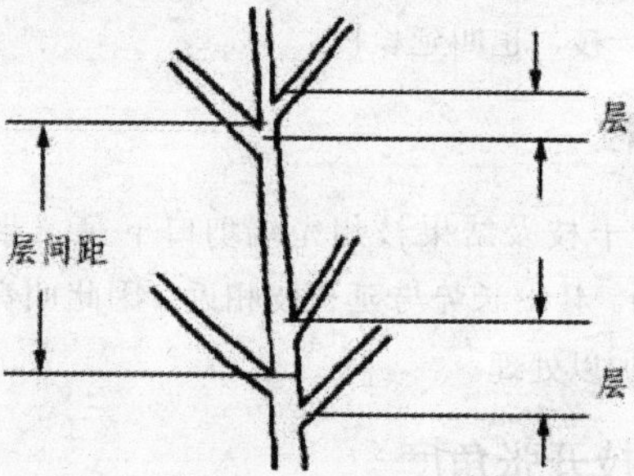

图7-8　梨层内距和层间距

19. 树冠

主干以上的所有部分，包括中心干、主枝、侧枝、辅养枝和结果枝组，构成了梨树的树冠。树形不同，树冠的形状也不一样。

现代果树生产实行矮化密植栽培，整形修剪时树体结构趋于简化。例如，侧枝和结果枝组就没有明显的区别，事实上二者的本质也不应该有什么区别。

20. 顶端优势

顶端优势是指梨树枝条上位于先端或上位的芽，所萌发抽生的枝条生长势强（图7-9），向下逐渐减弱的现象。

第一，直立枝条，顶芽萌发后生长最旺。第二芽以下生长渐弱，且出现角度逐渐加大。中部以下的芽，萌发后仅形成短枝。基音口芽不萌发。

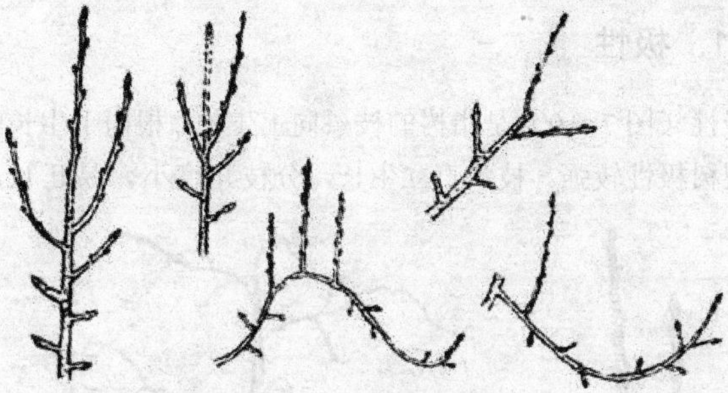

图 7-9 顶端优势

第二，直立枝短截后，剪口下第一芽萌发后生长最旺，第二芽略弱，第三芽以下生长渐弱。

第三，斜上枝条，顶芽萌发后生长最旺，向下依次减弱。进行剪截时，亦是剪口下第一芽发枝最旺。但有时若剪口下第一芽位于外下方，第二芽位于侧上方，有可能出现剪口下第二芽发枝长势和第一芽相近，甚至超过第一芽枝。若剪口下第一芽位于侧上方，则一般第一芽发枝强于第二芽发枝，这时，第二芽发枝一般分生角度也较大。这就是有的地方为了防止延长枝生长过强，而采用“里芽外蹬”开张角度的道理所在。

第四，若将枝条向下弯曲成弓形，则在弓背顶部发出旺枝，并且直立生长。两侧发枝渐弱。

第五，水平或下垂枝，容易从中后部发生旺枝。特别是有些瘪芽，易萌发成徒长枝。而它的前部则弯曲向上生长，这是由于极性生长所致。

第六，在梨树上，同一个分枝级别的枝条，比如同一层的主枝，同一个主枝上的侧枝，其位置较高者的生长势强于位置较低者的生长势。

21．极性

极性（图 7-10）是指树的枝条向上生长，根向下生长的特性。梨树极性较强。枝条直立生长，分枝角度小，易旺长。

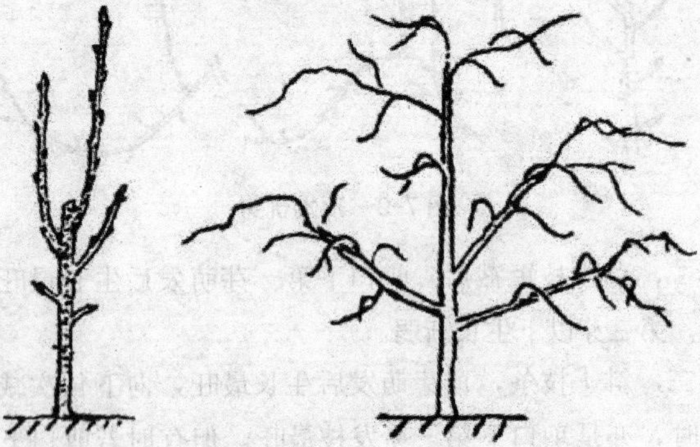

图 7-10　梨的极性

梨树的极性生长是由于内源激素的平衡所造成的。通过调节内源激素，可以改变枝条的极性。如喷施或上施多效后，可使梨的枝条弯曲下垂。

22．干性

干性是指树体形成中心干的特性。梨树干性较强，易培养有中心干的树形。极性生长及顶端优势均强，所以易上强下弱。

23．层性

由于顶端优势的作用，各枝条上前部的芽萌发为长枝，中、后部的芽萌发成中、短枝，甚至不萌发，年复一年，使得树体出现自然分层的现象，这就叫层性（图 7-11）。层性是疏散分层树形的基础。

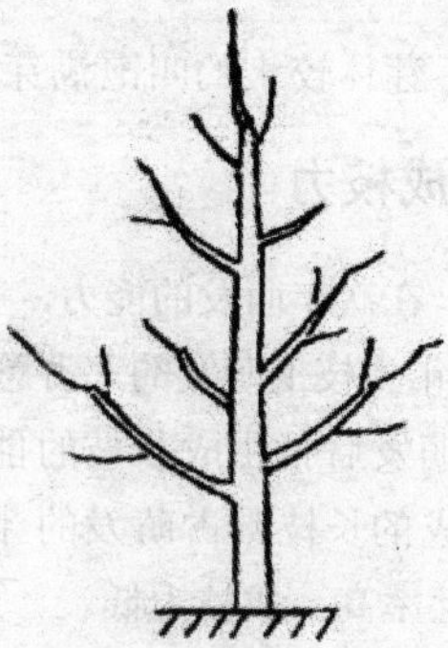

图 7-11　梨的层性

24．芽的异质性

芽与芽之间的差异，叫芽的异质性（图 7-12）。如内膛枝上的芽，一般没有外围的芽质量好；同一枝条上春梢中部的芽，比基部和春秋梢交界处的芽饱满。这主要是由于芽形成时的外界条件所造成的。

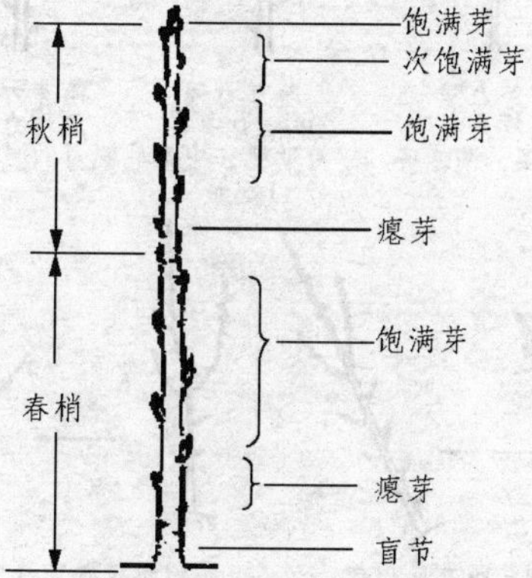

图 7-12　梨芽的异质性

通常把发育充实、芽体较大的叫饱满芽，芽体瘦小的叫瘪芽。

25. 萌芽力和成枝力

当年生枝上的芽，在次年萌发的能力，叫萌芽力（图 7-13）。其大小用萌芽率，即当年生枝上萌发的芽占总芽数的百分比来表示。

当年生枝上的芽萌发后抽生成长枝的能力，叫成枝力。其大小用成枝率，即所形成的长枝数占萌发的芽数的百分率来表示。

梨树多数品种萌芽率高，成枝力低。

故梨树常显得枝条稀疏，特别是幼树期更加突出。

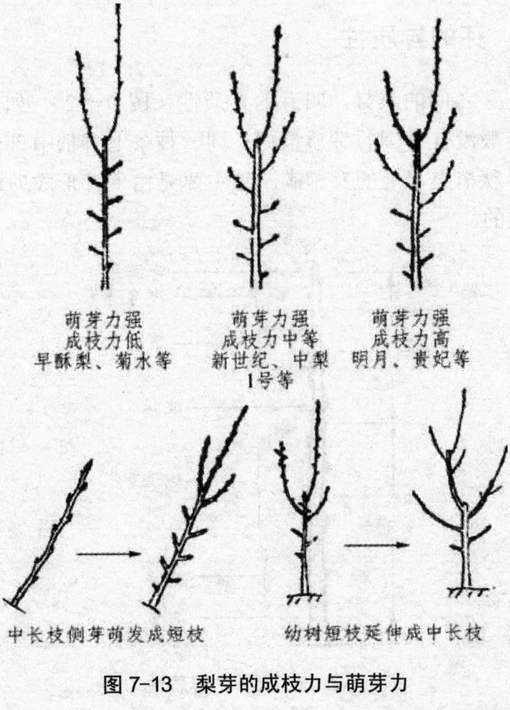

图 7-13　梨芽的成枝力与萌芽力

26. 枝条的转化

梨树的长枝长放后，侧芽萌发，可形成很多短枝。短枝（包括果台短枝）次年萌发，可延伸成长枝，特别是在受到回缩的刺激时，更是如此。因此，梨树虽然成枝力低，但幼树随着树龄的增大，树体上仍会有很多长枝。品种不同，枝条的转化能力也略有差别。

27. 枝势和树势

枝势指枝条的生长势，包括一年生枝和多年生枝。

对于梨树的一年生枝而言，可从枝的粗度和长度加以判断。

枝势（图 7-14）通常与枝条着生状况密切相关。一般直立和斜向上生长枝，枝势强；水平和下垂枝，枝势弱。

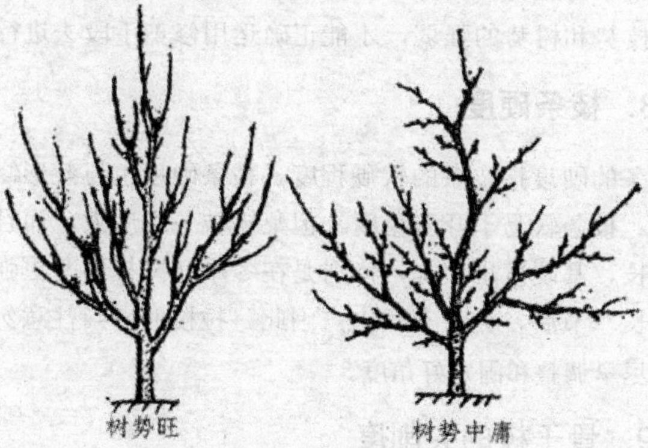

图 7-14　梨树的树势

树势（图 7-14）是指整个树体的生长势。可从树上长枝所占的比例加以判断。

以“强（旺）”、“中庸”、“弱”表示。凭经验和比较判断，没有具体的量化指标。而且树龄不同，其含义也有区别。这只有在梨树栽培的生产实践中，不断观察和体会，才能掌握其判断的要领及标准。

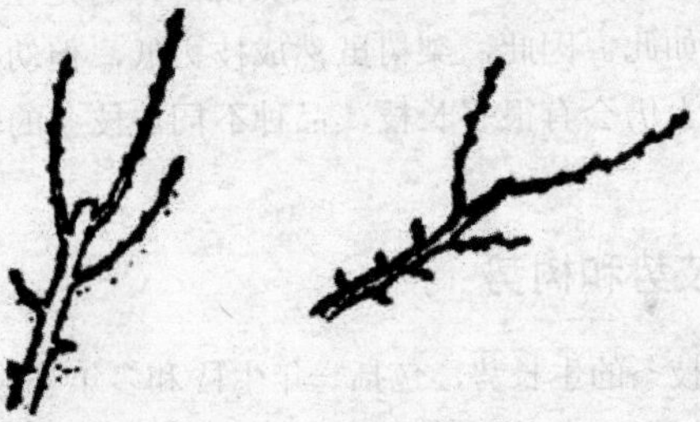

图 7-15　梨树的枝势

正确掌握枝势和树势，在整形修剪上十分重要。因为只有首先认识枝势和树势的强弱，才能正确运用修剪手段去进行调节。

28．枝条硬度

枝条的硬度指枝条的软硬程度。枝条硬度也与整形修剪有很大关系。枝条软易于开张角度。但梨树枝条硬度大，而且随着枝龄的增长，其硬度也增加，特别是在冬季其树枝硬度更强。只不过到生长季节后，会略有软化。因此，拉枝时应当注意勿拉折，而且应尽早调整和固定好角度。

29．骨干枝的尖削度

骨干枝的次级分枝明显变细（后粗前细），其粗细差异的程度叫尖削度（图 7-16）。

尖削度大，则骨干枝负载量大。

梨树虽木质较硬，仍需保持一定的骨干枝尖削度，使骨架牢固。

回缩，可增大骨干枝的尖削度。

图 7-16　梨树的尖削度

30. 枝量

枝量是指一株树或单位土地面积上所有树的长、中、短枝数量的总和。

枝条是结果基础，达到一定枝量标准，才能丰产。因此，整形修剪上，幼树期培养树形的同时，应尽快增加枝量。对梨树而言，重点是增加中短枝的数量。进入盛果期后，要维持一定的枝量和各类枝条的比例。

（二）整形的依据

1. 自然条件和管理水平

土层深厚、土壤肥沃，光照好，管理水平较高的梨园，可以将梨树整成疏散分层形或小冠疏层形的树形；反之，宜整成开心形等易采光、结构简单的树形。

2. 栽植密度

栽种密度加大，树形由“高、大、圆”向“矮、小、扁”方向发展。疏散分层形已很少应用，而小冠疏层形、纺锤形、“Y”

字形和折叠式扇形应用较多。因为这些树形具有矮、小、扁的特点，有利于密植，便于管理操作。

3．品种性状

生长势强旺的梨树品种，一般栽植密度较小，可整成疏散分层形，或采用折叠式扇形树形，控制中心干的过旺生长；而对于生长势中庸、成花结果早的梨树品种（南方砂梨品种多为此类），则可整成小冠疏层形或“Y”字形等树形。

4．品种特性

梨树品种不同，其结果枝形成的难易和果枝的连续结果能力有一定的差异。对于连续结果能力强的品种，在果枝结果多年后，应注意回缩更新，以防止结果枝组衰弱和结果部位外移；对于连续结果能力差的品种，则要注意结果枝组的轮换结果，在保留适当果枝的同时，保留适量的顶备枝，以防止大小年结果现象的出现。

梨树的不同品种，其幼树的长势和成花难易表现，也有细微的差别。如中梨号，幼树期长势旺，进入结果期稍晚，因此修剪上更应注意轻剪缓放。而黄金梨成花能力较强，容易形成较多的腋花芽，修剪上应根据树势情况，掌握修剪程度和留花量，剪除过多的腋花芽。

5．树龄树势

梨树一般幼树期生长旺，易形成树体上强下弱的现象，而大量结果后，树势缓和甚至衰弱。

修剪时，幼树期和树势强时，以轻剪缓放为主，少短截。采用中心干弯曲上升和基部多留枝，可控制上强。盛果期以后和树势弱时，应适当加重短截程度，注意回缩复壮。

自然生长的梨树，易上强下弱。

中心干弯曲上升，抑制上强现象。

6．修剪反应

树体修剪后的表现，如树势变化、发枝多少、结果量的多少等，就是修剪反应。修剪反应最能直观地表现修剪的正确与否。

如短截修剪，仅从文字上讲剪截的轻重会发生什么样的结果，无感性上的认识，但看一下去年的剪口，就有直观的认识了。

修剪上讲要“以树为师”，就是这个道理。

7．养分流动原理

修剪上的很多现象，都可用养分流动（图 7-17）的原理加以解释。这里的“养分”，是指根系吸收的无机养分，把养分比作“河流”，修剪措施可比作对“河流”的治理，或是使“河水”集中，或是使“河水”分散。

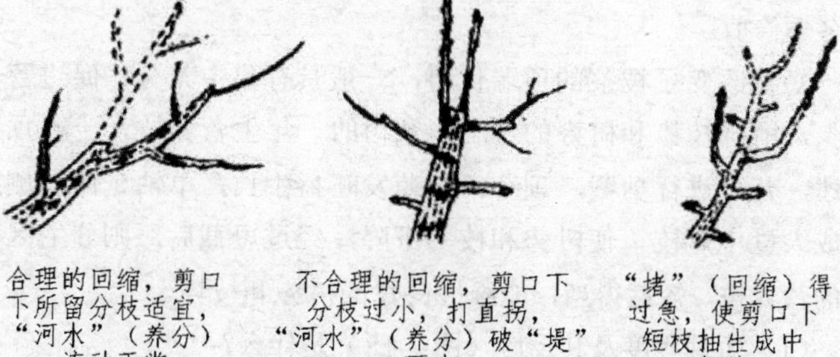

图 7-17　梨树的养分流向

如短截，使养分集中在余下芽上，可使芽萌发旺盛，类似于将一条河的水集中在较少的几个水口放出。而缓放正好相反。回缩是堵，若剪口下有较大的分枝“出水口”），即轻回缩，则养分平缓流出，促进剪口枝的生长，若剪口下的分枝较小（重回缩），或是剪口下分枝打直拐，则易使“河水”破堤而出，剪口萌发较多的徒长枝。

（三）梨树整形修剪的时间

梨树同其他果树一样，一年四季均可进行整形和修剪。落叶后至萌芽前进行的修剪叫冬季修剪。萌芽前后至落叶前进行的修剪叫夏季修剪。各个时期的修剪，方法不同，作用和效果也不同。

（四）梨树的主要修剪方法

1. 短截

短截分轻、中、重、极重四种程度。梨树进行短截，主要用于冬季修剪。

短截改变了枝条的顶端优势，一般具有集中养分，促进营养生长，增强枝势和树势的作用，梨树的一年生营养枝，一般顶芽发达，若不进行剪截，顶芽常会萌发旺盛生长，单轴延伸，侧芽形成大量中短枝，使树势和枝势下降，经过短截后，则分生区较多的营养枝，短截得当，能维持良好的树势和枝势。

（1）短截程度及其反应（图 7-18）是什么？

由于芽的异质性影响，不同的剪截程度，其反应不一样，且因枝条的着生位置和生长状况不同，而略有差异。一般枝条生长势强，则短截反应强烈；反之，则反应弱。

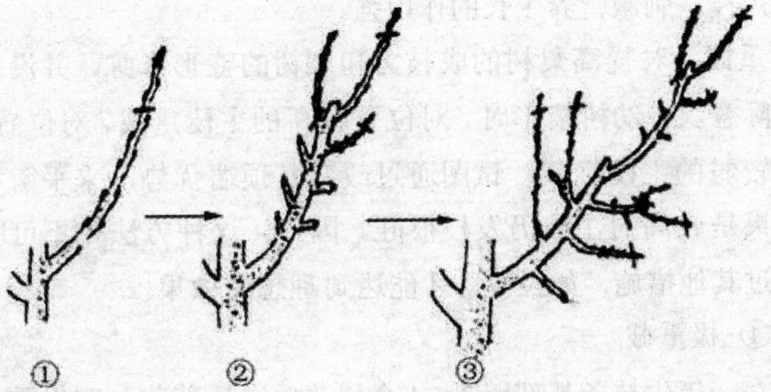

图 7-18 ①对主枝轻截 ②疏去竞争枝，延长枝继续轻截，剪口下第二枝可用于培养侧枝或结果枝组 ③延长枝、竞争枝的处理同前，短枝延伸的中长枝及较好的果台枝，同样可通过短截培养成侧枝或结果枝组

① 轻短截

剪去枝条前部的 1/5～1/4，即只剪去枝条顶端的数芽，叫轻短截。

梨发育枝轻短截后，一般剪口下萌发 2～3 个中庸枝条，其下芽萌发后形成较多的短枝。但如果是细弱枝，轻截刺激生长的作用不明显。如果是背上直立旺枝，即使轻截，仍会萌发较旺的枝条。

② 中短截

在一年生枝条的饱满芽处短截，剪去枝条长度的 1/3～1/2，叫中短截。

中截，对枝条刺激生长的作用较强，一般剪口下萌发 2～4 个较强的中长枝，其下萌发短枝。对中弱枝中截，能较好地刺激生长。若对强旺枝中截，则会促使其生长更旺，形成短枝较少。

③ 重短截

剪去枝条长度的 1/2～2/3，叫重截。梨树枝条重截后，一般剪口下发生 1～2 个旺枝，多数为剪口芽旺盛生长，其下萌发很少的短枝，刺激营养生长的作用强。

重截，对提高梨树的成枝力和梨树的整形修剪，并没有多大的实际意义。幼树整形时，对位置较高的主枝重截，对位置较低、生长较弱的主枝轻截，试图通过改变其顶端优势，来平衡树势，其结果是较高的主枝仍发枝很旺。因此，这种方法并不可取，只有通过其他措施，如拉枝，才能达到理想的效果。

④ 极重截

在一年生枝条基部留 3～4 个瘪芽后进行剪截，叫极重截。

梨树枝条极重截后，在基部抽生两个较弱的分枝，或一强一弱的分枝。有的枝条基部芽的萌发能力差，由枝条着生的母枝上的副芽萌发成较弱的枝条。因此，梨树一般不进行极重截。有人在梨幼树整形时，利用极重截控制主枝或中心干的长势，想以此来防止前强后弱或上强下弱现象的出现，这是不正确的。

（2）短截的应用

① 梨树幼树整形期间，树体骨架的形成，包括主枝、侧枝等的培养，一般是通过短截来实现的。以培养主枝为例，其基本过程如下：

通过短截，剪口下发生一个延长枝，一个竞争枝，下面发生中、短枝。之后疏去竞争枝，对延长枝继续短截发枝。其下短枝顶芽延伸的发育枝，也可经短截后培养成侧枝或枝组。

② 促生长增强枝条、枝组生长势（图 7-19）。梨树短截后，将贮藏养分集中供应给保留下的芽，使其萌生出发育枝，增加枝叶量，因此，有促进营养生长的作用。当树势下降时，对中弱发育枝进行适当的短截，可起到恢复树势的作用。但反过来，对旺树旺枝若短截过多，则更会促进旺长，不利于成花结果。

图 7-19　短截反应

③ 利用短截增强梨树弱枝的长势。利用短截手段，培养梨树结果枝组的详细过程，见后面梨树结果枝组培养的有关内容。

利用短截改变枝条的延伸方向（图 7-20）、剪口外芽，开张角度；若留上芽，可抬高枝条的延伸角度；若留侧芽，可改变枝条的延伸方向。里芽外蹬→里芽外蹬；此法开张梨树骨干枝角度。

方法：在梨树枝条上选择着生位置合适的芽，作为萌发延长枝的芽，在其上一个芽上进行短截。等到它发枝后，再将其剪除，保留所选芽发出的枝条，作为该骨干枝的延长枝。

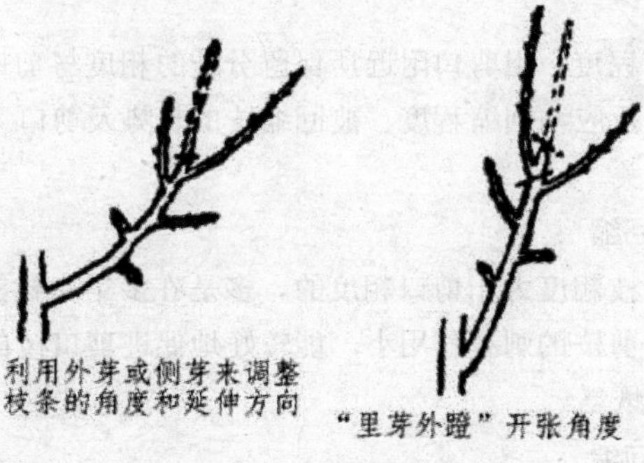

图 7-20　利用短截改变枝条方向

2. 回缩

将多年生枝剪去一部分叫回缩。

回缩减少了枝芽，使贮藏养分集中供应，同时改变了养分流通的方向和途径，使枝群中后部分枝得到较多养分。因此具有更新复壮作用。

（1）回缩程度及其反应

轻回缩、中回缩和重回缩（图 7-21）。

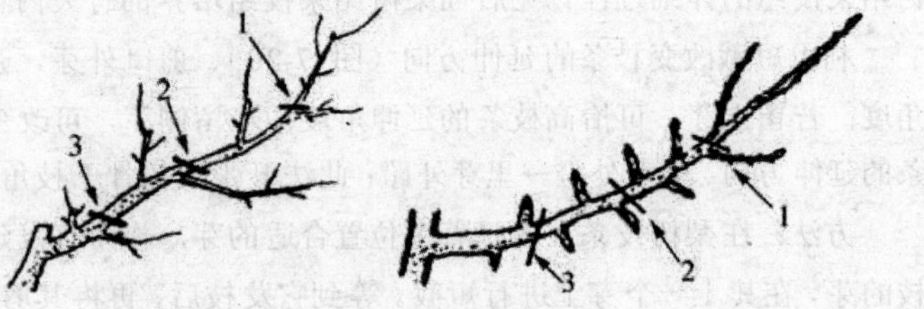

图 7-21 回缩反应

1. 轻回缩 2. 中回缩 3. 重回缩

回缩的程度，用剪口附近所保留分枝的粗度与剪口粗度相比较。回缩的反应与回缩程度、被回缩枝的长势及剪口下所留分枝的状况等有关。

① 轻回缩

所留分枝粗度大于剪口粗度的，多是在多年生枝前部回缩。轻回缩对被剪枝的刺激作用小，能较好地促进剪口枝的生长和被剪枝枝势的恢复。

② 中回缩

所留分枝粗度与剪口粗度相近，多是在多年生枝中部回缩。中回缩可使剪口枝和被剪枝旺盛生长。但是，如果所留剪口枝过小，其后部又有生长较旺盛的分枝，则对后部旺枝的刺激作用较强。

③ 重回缩

所留分枝粗度在剪口粗度以下的，多是在多年生枝后部回缩。由于重回缩所留分枝多是较弱小的枝，所以重回缩对所留枝的复壮作用不明显。倒是由于剪掉了大量的枝芽，对树体的削弱作用较大，且易使被剪枝发生大量徒长枝。

（2）回缩的应用

增大尖削度，使树体骨架牢固、改变骨干枝或枝组的延伸方向、恢复树体或枝组的生长势、控制交叉和重叠改善风光条件、培养结果枝组、促进花芽发育，使花芽充实饱满。

（3）回缩注意事项

第一，要留分枝；第二，少用重回缩；第三，要防止“打直拐”。

3．疏枝

将一年生枝或多年生枝从基部去除，叫疏枝。

（1）疏枝的反应（图 7-22）

图 7-22　疏枝

疏枝对树体的影响，从总体上讲与回缩相似，减少了树体的枝芽，有集中营养的作用；但从局部上讲，疏枝一般是对上位枝的生长势有削弱作用，对下位枝的生长势有增强作用，且这种作用随被疏枝的大小而变化，疏枝越大，作用越强。

（2）疏枝的应用

疏背上旺枝和直立徒长枝，改善风光条件；疏乱生枝和过密枝，分布均匀；平衡树势；疏除弱枝，养分集中；疏除竞争枝，保持延长枝优势。

（3）疏枝注意事项

第一，疏枝要彻底，锯口要平，以防留桩再萌新枝。疏枝时，对大锯口要涂抹石硫合剂或其他药剂，进行消毒保护。第二，防止“对口伤”和“连口伤”。当树体骨干枝上某一相邻地方连续着生或对生两个大枝都应控制时，一般是先疏除一个回缩另一个，以后再视其反应进行处理；而不应同时疏除两个枝，以防止同时疏除形成对口伤或连口伤，严重削弱前部枝条的长势。

4. 缓放

对一年生枝不剪不疏，任其生长，叫缓放。缓放不剪，使养分分散在多个芽上，有缓和枝条长势，促进发育枝成花的作用。但是，枝条的着生状况不同，缓放结果也有差异。

（1）缓放的反应

第一，背上直立枝缓放，常常是顶芽萌发旺枝，继续延伸，其下萌发少量中长枝，再下面萌发短枝。直立枝缓放，增粗作用十分明显。

第二，斜生中庸枝缓放，多是顶芽继续延伸，其下发生个中枝，再下面形成较多的花芽。

第三，弱枝缓放，常是顶芽单轴延伸，其下形成大量花芽。

第四，内膛细弱枝，多是顶芽发育充实，侧芽不明显。对其缓放后，若顶芽是花芽，则次年开花结果；若顶芽是叶芽，则继续延伸，营养及光照条件好时可形成果枝。

（2）缓放的应用

第一，缓和枝条长势。

第二，培养结果枝组，促进成花。中庸枝缓放，可形成较多抑制营养生长。比如先放后缩法，见结果枝组的培养内容。

（3）缓放注意事项

三不宜：背上直立枝不宜，徒长枝不宜，竞争枝不宜。对背上直立枝进行缓放，会越放越大，以致占据大量空间；对徒长枝进行缓放，会使其多年难以成花；对竞争枝进行缓放，会更加影响延长枝的生长。因此，必须对以上枝加以处理，如拉、别变向或疏除。

5. 刻芽

春季萌芽前，在枝干上芽的上方横刻一刀，深达木质部，叫刻芽（图 7-23）。促进该芽萌发抽枝。

梨大多成枝力低，在幼树整形时常难以抽生足够的枝数，因此可利用刻芽促发长枝。刻芽多在定植后整形时应用，既可在芽上进行，也可在短枝（图 7-24）上进行，促进短枝（营养枝）抽发长枝。

图 7-23　刻芽

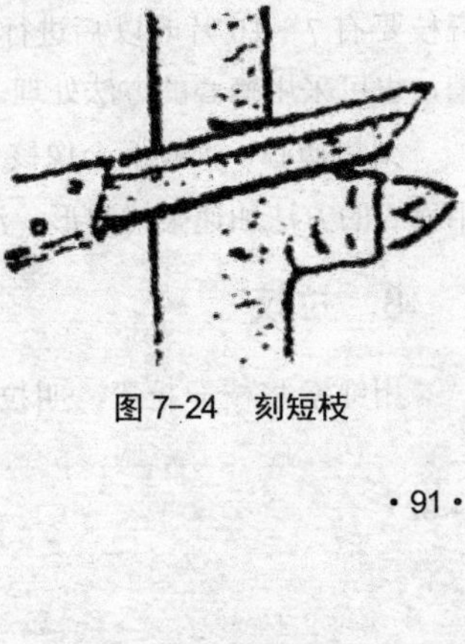

图 7-24　刻短枝

6．抹芽

枝干上的芽萌发后，及时把它抹除，叫抹芽或除萌。抹芽多用于大枝剪锯口处、主干基部及其他非需要处发生的萌芽，以节省养分。

幼苗定干后整形带以下发生的萌芽，则需辩证地看问题，一般可不抹。

一般幼树不密，叶片宝贵，可留作制造的养分；对于扰乱树形，大枝是树形基础，小枝不乱形，可先留后处理。

抹芽要及时，以防萌蘖过大而消耗养分。

7．摘心

在梨树生长季节，对未停止生长的枝，摘去顶端叶嫩梢，叫摘心（图 7-25）。

摘心的作用是控制枝梢旺长，促进枝条充实。摘心后，被摘心枝上的叶会很快转为功能叶，制造养分。因此，摘心多用于幼树整形和果台副梢整形，以防止果台副梢旺长与幼果争夺养分。

在南方地区，梨树生长季节长，摘心后一般会继续发出较长的副梢。因此，摘心要待枝梢有一定生长量后进行，一般中壮发育枝要有 7～10 片叶以后进行，不宜过早摘心。对秋后萌发的秋梢，也可采用摘心的方法处理。

梨树摘心，一般不会像核果类果树那样发生较多副梢。因此，用摘心的方法加速梨树整形，没有核果类果树效果明显。

8．拉枝

用绳索将枝干拉弯，叫拉枝（图 7-26）。拉枝改变了顶端优势，缓和了枝势，促进了后部枝芽的萌发生长。拉枝常用于开张枝条角度，调整枝干延伸方向和促进成花。

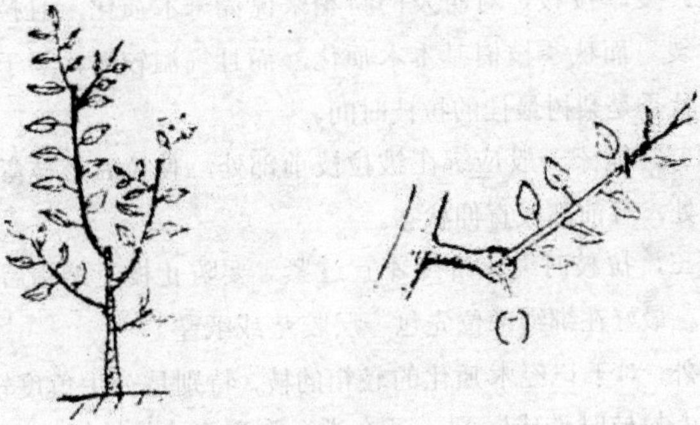

图 7-25　摘心

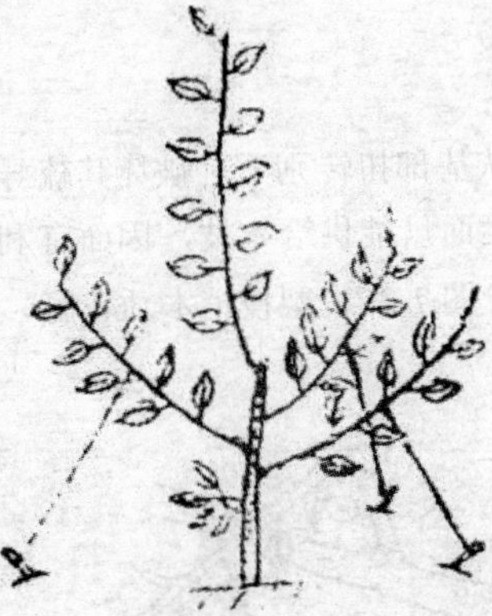

图 7-26　拉枝

拉枝的效果远好于单纯使用剪锯，因此拉枝是幼树整形中一项重要的技术措施。

与拉枝具有相同效果的，还有撑枝、别枝和坠枝等技术措施。

拉枝有如下的注意事项：

第一，梨树硬脆，冬季拉枝易折断。春季拉枝易使后部萌发徒长枝。夏季拉枝，对萌发的新梢来说尚未木质化，且拉时易从基部劈裂。而秋季枝梢基本木质化，而且气温较高，易于拉开。因此，秋季是梨树最佳的拉枝时间。

第二，绳索一般应绑在被拉枝前部处，使拉后该枝弯曲部位在后部处，且前部成直伸状态。

第三，拉枝时绳索绑缚不宜过紧。要防止枝干增粗后绳索绩进皮层。最好在绑缚部位先包一层胶垫或纸垫。

另外，对于已经木质化的较粗的枝，特别是分生角度较小时，为了防止拉枝时造成劈裂，可在进行前先将被拉枝捋一下，使之软化，然后再拉。

9. 扭梢

将一年生枝从基部扭转别下，破坏其疏导组织，使枝梢上制造的养分不能外运而只能供给本枝，因而有利于成花。不扭、不割的理由，扭梢（图7-27）梨枝梢木质较脆，扭梢时易扭断，故不宜使用。

图7-27　扭梢

(五) 整形修剪的步骤

1. 确定树形

幼苗定植后，首先要根据前述整形的依据，确定所植幼树将来整成什么样的树形。树形确定了，在进行幼树修剪时，便有了一个主线或指导思想。

2. 逐步整形

树形确定后，即可按照整形方法逐步实施。整形的过程，是树体内部生长发育规律与人的主观愿望相统一的过程，绝不可急于求成。应该根据每年树的生长状况，有针对性地采取各种修剪方法，对树体逐步调整，使幼树朝着预定的目标发展。现代整形修剪，强调边结果边整形。在梨树上只要处理得当，也是完全可行的。

3. 结果期树先审后修

首先，就应当分清哪些是骨干枝，哪些是辅养枝，哪些是结果枝组。

其次，要认真观察往年的剪口反应，判别修剪的轻重和树势状况，以便及时调整修剪方法。

第三，要妥善处理修剪上存在的问题。有些树剪后常出现意料外反应，如内膛冒出徒长枝，延长枝又生长过旺或过弱等，都要妥善进行处理。

第四，修剪时要先从大枝着手。对影响树形和光照的大枝，在处理时要认真观察，首先看疏除后是否过于空缺，其次看其上花芽和整棵树的花芽情况，综合考虑两方面的因素，如果全树花芽充足，该大枝疏后附近又有较好的枝组弥补空间，则可对其进行一次疏除。否则，应先回缩至合适部位，以后再疏。

4. 正确评价修剪量和修剪的轻重

修剪量是指剪下枝条的多少。

修剪的轻重，与修剪量相关，但并不完全一致。应从修剪后树体的表现去分析。

从冬剪来看，有短、疏、缩、放等几种主要方法，其中短、疏、缩又有轻重之分，都存在对局部促进和对整体削弱的“二重作用”。

对一枝条重短截要大于轻短截；对一个大枝疏除的修剪量大于回缩。

对于背上大枝上的旺枝，即使是重短截，剪去的枝量虽比疏除小，但并不能说“重短截”比“疏除”修剪量小。因为疏去这些枝，可能不至于再冒生旺枝，而短截特别是较重的短截，则会抽生旺枝。

即便是将整个大枝疏去，只要疏后不空，则可说是“修剪适中”，因为可使树势稳定。

过多疏枝，使枝干光秃，光有骨头没有肉，则属于修剪过重。

（六）梨树的主要树形及整形技术

1. 小冠疏层形（简化疏散分层形）

（1）小冠疏层形树形结构与特点（图 7-28、图 7-29）

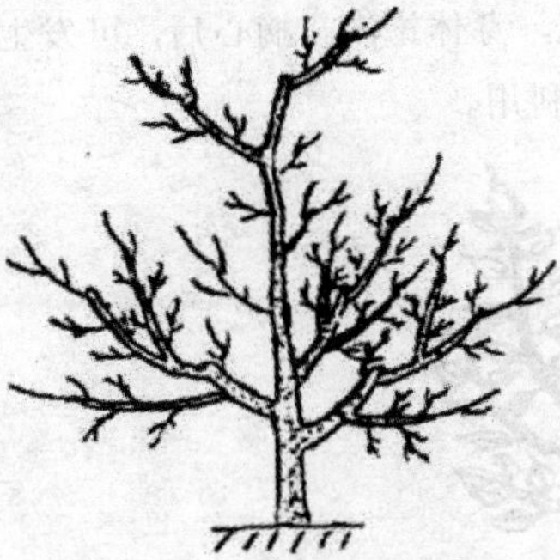

图 7-28　小冠疏层形梨树树形

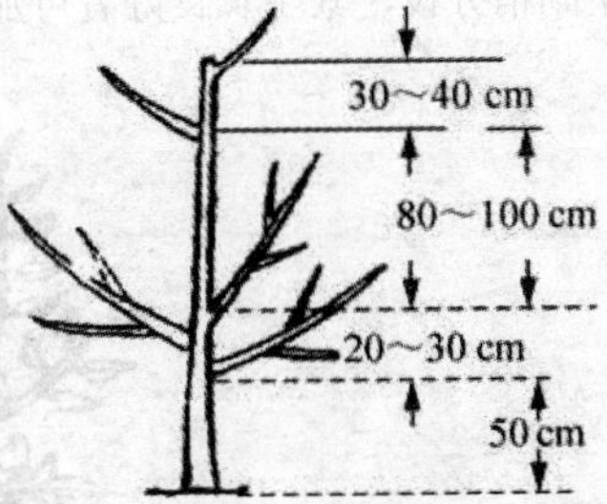

图 7-29　小冠疏层形梨树树体结构

该树形最符合梨树的自然生长规律，整形容易，易于学习和掌握，整形后产量高。其不足之处是控制不好，容易形成上强下弱的现象。

该树形适于土层深厚、肥沃的山地或平地、密植果园。

（2）整形过程

① 定干和刻芽

梨苗栽植后，即对苗干留 60 cm 左右后进行剪截，剪口下要有 6～8 个饱满芽。高度壮芽。

定干后萌芽前，将剪口下第 3～5 个芽刻芽。

梨苗定干后，其成枝力较强的品种，剪口下可发生 3～4 个中长枝，可选出中心干、主枝。但梨大多数品种仅能发生 2～3 个中长枝，故需刻芽。若不刻芽，则由主干上的短枝延伸成长枝以形成足够的基部主枝数。但其形成时间要晚一年，易造成主枝间生长势不平衡。

② 第一年生长季节的管理

新梢萌发后，于 5～6 月份新梢半木质化时，对中长梢进行摘心（图 7-30），以促进新梢充实，芽体饱满。摘心后，可发生个副梢分枝，其生长良好者可加以利用。

图 7-30　摘心

为平衡主枝间的长势，可于第一年秋季，对角度小、长势旺的主枝，进行拉枝（图 7-31），使其基角达到 60°左右。这样，经过 10 月份的小阳春天气，一般到冬季时主枝的基角即可固定。但要注意，拉枝角度也不可过大，否则，会增加中心干的长势，加剧上强下弱现象的发生。

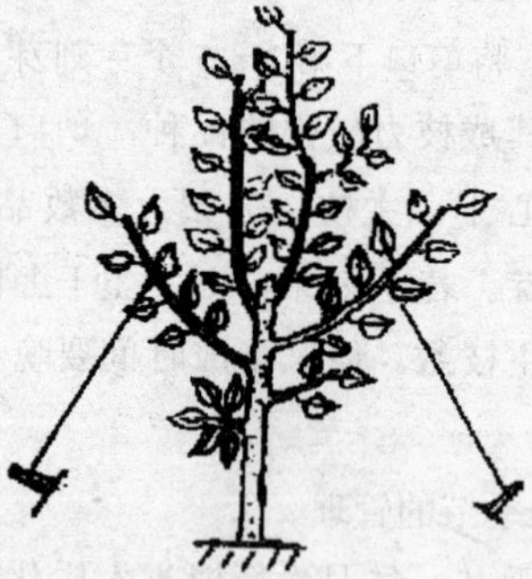

图 7-31　拉枝

③ 第一年冬季修剪（图 7-32）

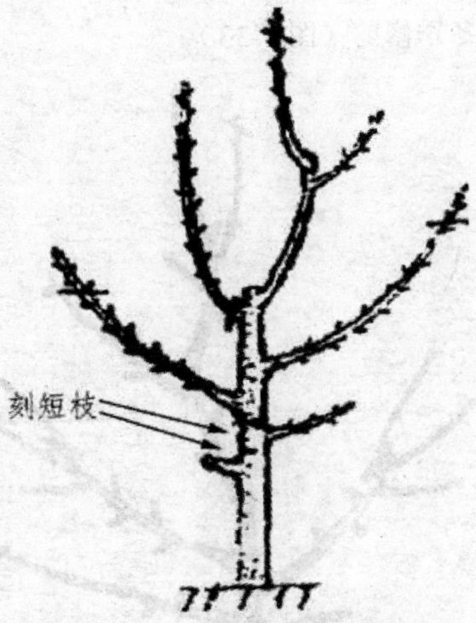

图 7-32　第一年冬天的修剪

定干后剪口下发出的第一枝和第二枝，选择其中生长中庸的一个作为中心干。另一个若过旺，则予疏除，将以下的分枝选作主枝。对选留的中心干和主枝进行短截，以促进生长和分枝。

剪留的长度，视中心干和主枝的生长情况而定，不可一味强调绝对的尺寸。一般对生长势较强的中心干或主枝，剪去顶端的个芽，对生长中庸的主枝，则剪去顶端个芽即可；切忌剪截过重。如中心干或主枝上有生长较充实的秋梢，则可以在秋梢饱满芽处剪截。

主枝进行剪截时，要注意对剪口芽留外芽，或采用里芽外蹬的方法开张角度。

对主枝数不足的幼树，可采用刻短枝方法，促进抽生长枝。不要采取重截中心干促使基部芽萌发、补足主枝数的方法。

对夏季摘心所形成的副梢，则可作辅养枝处理。

④ 第二年冬季修剪（图 7-33）

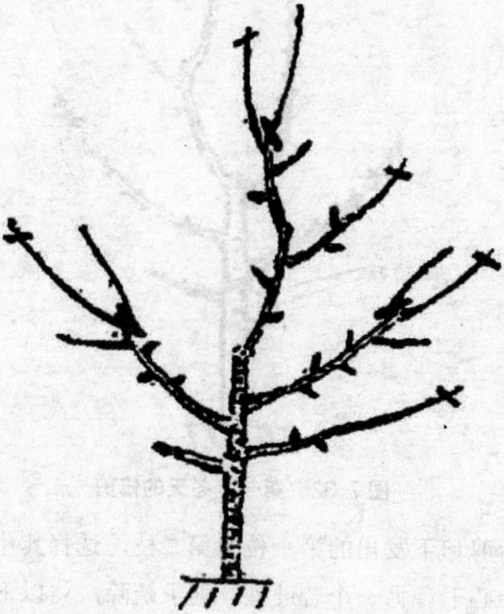

图 7-33　第二年冬天的修剪

经过第一年冬剪后，第二年一般会从中心干和主枝剪口下萌发一个延长枝，一个竞争枝，个中长枝以及一些短枝。第二年冬剪时，一般对延长枝继续按第一年冬剪的方法剪截，疏除竞争枝，对剪口下第三枝作适当剪截，以将其培养成侧枝。

第二年冬剪时，要注意对上一年短枝上促生的长枝，进短截培养，使之形成足够的主枝数量。

⑤ 第三年冬季修剪（图 7-34）

对延长枝和竞争枝的处理方法与第二年的相同，要选留第二侧枝短截，同时在中心干上距第一层主枝约 80 cm处，选出第二层主枝 2 个短截修剪。

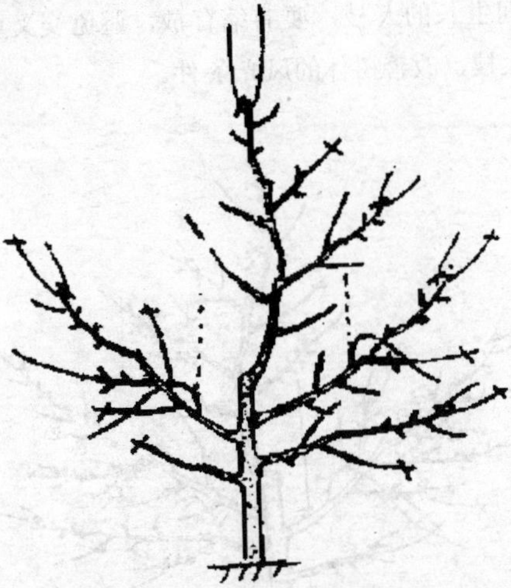

图 7-34　第三年冬天的修剪

第三年，一般枝条迅速增加，主干原整形带上、中心干上以及主枝的中后部萌发的一些短枝，多抽生出长枝，也会在主枝背上形成一些徒长枝。对这些枝，应进行妥善处理。除背上旺枝和过于密挤者外，要尽可能多地保留，将其培养成辅养枝或不同类型的结果枝组。背上旺枝可予疏除，若有空间，也可将其别下变向，培养成结果枝组。

⑥ 第四、第五年冬季修剪（图 7-35）

第四、第五年，梨树树体结构基本形成。在密植条件下，株间多已交冠封行，一般进入了结果期。这时的冬季修剪，主要是调整骨干枝的角度和方向，平衡主枝间及上下层间的树势；对内膛枝继续实行轻剪缓放，促进成花结果，控制树势，人力培养各种类型的结果枝组；对外围延长枝实行缩放结合，控制伸展范围；特别是对株间生长的人枝，要有缩有放，避免交叉重叠，疏除密挤枝和背上人枝，改善树体的风光条件。

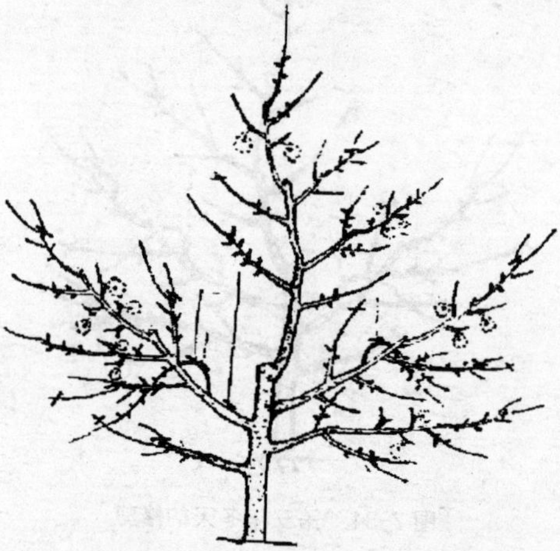

图 7-35　第四、第五年冬天的修剪

2. “Y” 字形（图 7-36）

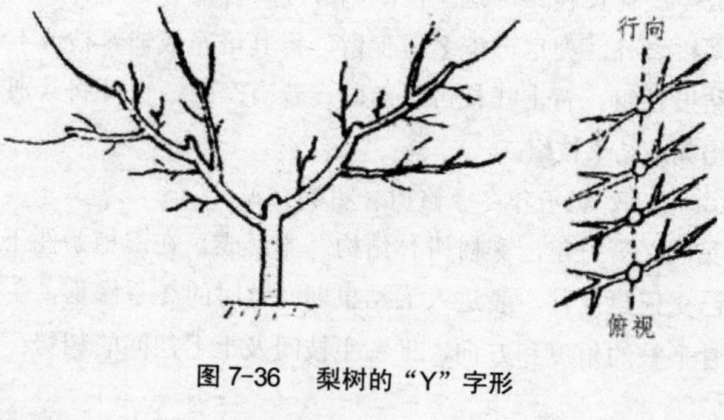

图 7-36　梨树的“Y”字形

（1）整形方法

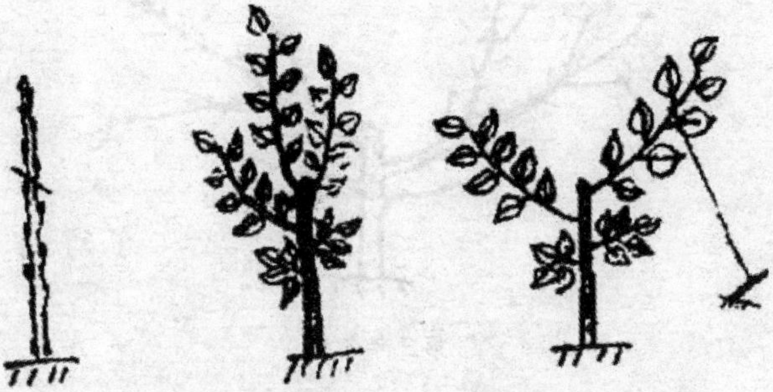

图 7-37　梨树夏秋季处理和拉枝

（2）树体结构

第一年冬剪　　　　第二年冬剪

图 7-38　“Y”字形第一、第二年冬剪

干高 50～70cm，无中心干，两主枝呈“V”字形，无侧枝，主枝上直接着生中小结果枝组，主枝腰角 70°，大量结果时 80°，先端上斜，树高 2.5 m以下，适宜南北行向。

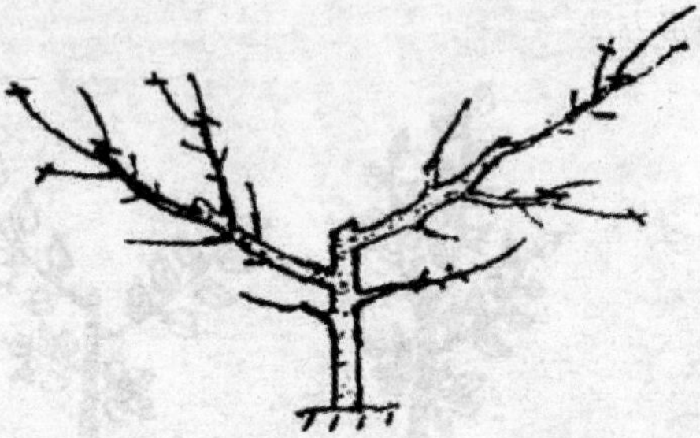

第三年冬剪

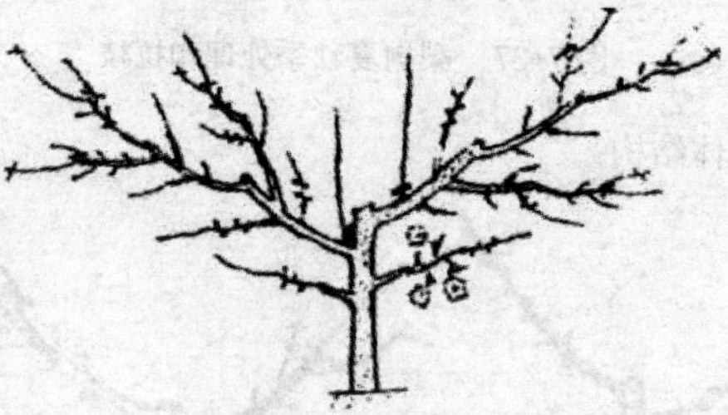

第四、第五年冬剪

图 7-39 "Y"字形第三、第四、第五年冬剪

3. 日韩梨的网架栽培要点

（1）网架栽培的特点

网架栽培是日本梨和韩国梨生产中最普遍的栽培方式。与传统的直立式栽培相比，有以下特点：

① 主枝一直保持旺盛的顶端生长优势。主枝粗度上下均匀一致。这样可使树体内养分、水分和从根部到主枝顶端的输导畅通，使树冠和侧生结果枝的培养不发生矛盾。

② 骨干枝层次清楚，主、侧枝粗度比合理（7∶3），这样使

树体内的养分、水分能在主、侧枝间，上、下位的侧枝间，各种枝条间合理分配。

③ 有利于结果枝、发育枝的培养和及时更新。

（2）网架栽培的作用

① 增强抗风能力，保证丰产丰收。梨果易受风害，成熟前若遇大风，就会大量落果。网架栽培时结果枝固定在棚面上，即使大风大雨也很少摆动，落果极少。

② 分散顶端优势，缓和营养生长和生殖生长的矛盾。梨树直立栽培时，生长优势集中在枝条顶端 2～3 个芽上，中、下部的芽发育不良。网架栽培时，分散了顶端优势，增强了生殖生长，形成的花芽多、质量好。

③ 枝叶分布均匀，果实大小整齐。经人工定型和帮枝，各枝间层次分明，布局合理，提高叶片光合作用效率，有机养料运输畅通，分配合理，果实大小均匀整齐。

④ 促进早期结实，提高果实品质。由于果实的空间分布合理，有利于树体内养分的有序运转和分配，对提高单果重、风味品质作用明显。

⑤ 田间操作方便，提高工作效率。网架下利于机械化作业，人工操作也是在适当的高度下进行的，便于病虫防治。所结果实皆均匀分布在棚面下，果实套袋和采摘相对方便。

（3）网架结构（图 7-40）

网架分简易棚、永久棚、水平棚和倾斜棚等不同形式。目前大面积采用的是永久性水平棚。

网架搭建在梨树冬季落叶修剪后或定植 3～4 年后进行，一般以 0.3～0.4 hm^2 为一基本单位。

构造特点：网架高度 18～2 m。园的四角立长、宽、高为

12 cm×12 cm×330 cm的水泥柱，入土130 cm，呈45°外倾。园的四周每隔3～4 m立一水泥柱或木柱作围柱，柱高280 cm，入土100 cm，呈45°外倾。在果树行间每隔2～3 m立一支柱，保持网架高度为1.8～2 m，用8号镀锌铅丝为主线，用12号镀锌铅丝为副线，主线与副线结成0.5 m×0.5 m的方格。

图7-40　日韩梨的网架树形栽培

（七）不同年龄时期梨树的修剪

1. 幼树的修剪

中心任务整形，即按树形要求，培养骨架，扩大树冠，为进入结果期做准备。

对骨干枝延长枝要进行短截。不要为追求早结果，而忽视树形培养。

（1）对延长枝的修剪

幼树期对主侧枝或中心干延长枝适当短截，以促生分枝，保持生长量和生长势（图7-41）。

剪截要轻，剪去顶端芽即可，刺激主枝既有一定的营养生长量，又萌发较多中短枝。一般根据其生长势。

利用剪口芽调节延伸方向。当主侧枝伸展的方向和角度均比较适宜时，一般剪口芽留外芽即可；当主侧枝伸展方向不适当时，可利用侧芽进行调整；当主侧枝延长枝角度偏高时，可利用“里芽外蹬”开张角度。

图 7-41　第一年冬剪

（2）对竞争枝的处理（图 7-42）

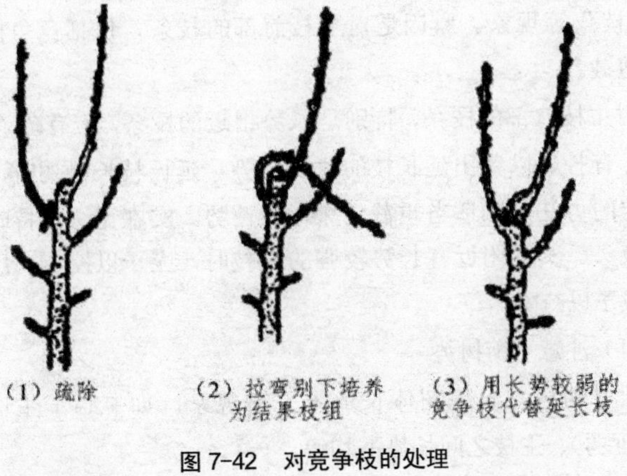

图 7-42　对竞争枝的处理

梨树竞争枝处理的三种办法：一是疏除；二是拉弯别下培养为结果枝组；三是以长势较弱的竞争枝代替延长枝，将原延长枝疏除。

另外，对主枝采用里芽外蹬方法开张角度时，将“蹬”出的竞争枝留作延长枝。

对梨树的竞争枝，一般不采用重截或极重截的改造方法，也不宜将延长枝和竞争枝同时进行较重的短截，更不宜将竞争枝缓放不剪。但若出现竞争枝的长势明显地弱于延长枝的情况时，竞争枝也可以保留。

（3）注意各级次分枝的主从关系

树体各级分枝，主枝生长势要强于侧枝；有中心干的树形，中心干的生长势要略强于下层主枝。否则，会主从不分，树形紊乱的现象。这种主从关系从幼树期就要注意培养和调整。

主从不明现象——对生枝、三叉枝。

幼树期主从不明最常见的就是主枝多头延伸，形成“弹弓叉”“三叉枝”等现象。原因是对主枝前部的枝条，包括竞争枝进行等同剪截。

对主枝前部的枝条，特别是长势相近的枝条，应有疏、有放，有截、有控，以突出延长枝的生长优势。延长枝长势弱时，应采取一定的办法，如适当重截，来增强长势。实在无法扶持时，则进行换头。其下附近有长势较强的侧枝时，应予以控制，压低其角度或予以疏除。

（4）注意平衡树势

梨树幼树常出现树体长势不平衡现象，如中心干生长过旺（上强下弱）、主枝之间长势不均等。

宜早解决，不留至结果期，以免难以处理。

上强下弱，要抑上促下。第一，疏去原中心干延长枝，利用长势较弱的竞争枝甚至剪口下第三枝作中心干，使中心干弯曲上升。第二，疏去中心干上长势较旺的大枝，减少上部枝量。同时还要注意主枝开张角度不要太大，否则更易加重上强现象的发生。第三，基部适当多留枝。

2. 初果期树的修剪

进入初结果期的梨树，枝量迅速增加，并形成花芽结果。

（1）中心任务

一是继续完成整形，调整树体结构和长势；二是多留辅养枝，充分利用辅养枝结果，达到生长结果两不误；三是大力培养结果枝组，为进入盛果期后丰产打下基础。

初果期，树体内部密挤交叉枝和背上直立枝，疏除。

主侧枝延伸角度和方位不理想——调整。过高：背后枝换头；过低：背上枝换头。还可加大尖削度，使骨架牢固。

初果期，若中心干过强（明显比基部主枝粗，上部发育枝多且旺，成花少），可用换头方法加以控制（图 7-43）。

（2）辅养枝的利用和控制

中心干和主枝上保留下来的辅养枝，是初果期的主要结果部位，这些辅养枝在幼树期，其枝叶制造养分，辅养树体，进入初果期后，应充分利用它们来结果；同时，又要控制它们的发展，防止它们影响骨干枝的生长。其控制方法如下：

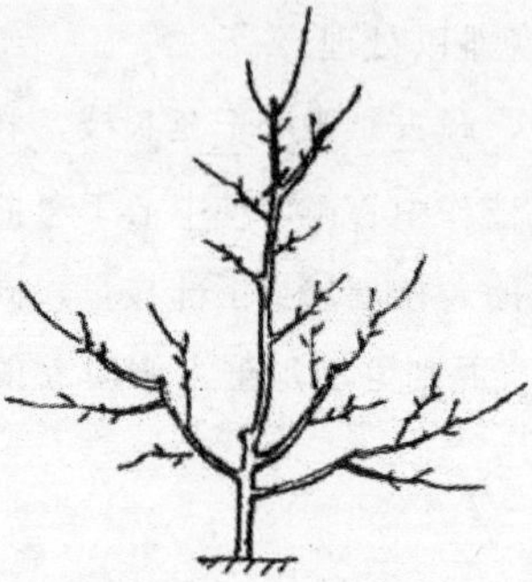

初果期梨树中心干小换头

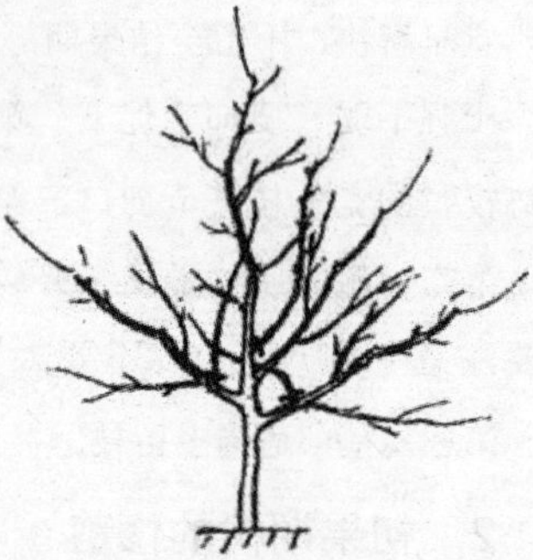

疏除初果期梨树密挤交叉枝和背上旺枝

图 7-43　初果期梨树的处理

第一，轻剪缓放促花。对在幼树整形期间，于中心干和主枝上萌发的非骨干枝部位的枝条，留作辅养枝时，一般采用轻打头或不剪的办法，以促使其形成大量的花芽。

第二，辅养枝结果后，有空间的地方，要予以保留，使其成为永久性辅养枝，并疏去其上的旺枝，使其继续成花结果。

第三，保留多年延伸过长的辅养枝，也要注意回缩更新复壮，防止结果部位外移。

第四，对过于密挤的辅养枝，要进行疏间。一般采用“逢三去中间”的原则实施。

第五，影响树形结构，无空间发展的辅养枝，应予疏除。

（3）结果枝组的培养和修剪

① 小型结果枝组的培养和修剪

方法一：中庸枝条先放后缩；长势中庸的发育枝，缓放后前部发生个发育枝，下面形成个花芽，保留花芽后回缩，即形成小型枝组。

方法二：先截后缩；生长较弱的枝条，可先轻截，发生分枝后回缩即成。

方法三：短果枝培养法；初结果幼树，有的品种在骨干枝上形成的花芽结果，会发生一个中长枝和一个短果枝。对中长枝轻截，短果枝不动，即构成一个小型结果枝组。

方法四：中长果枝先放后缩法；中长果枝缓放不剪，结果时在后部形成短（果）枝，然后进行回缩。

方法五：中型枝组缩剪法；有些中型枝组，无空间发展，且长势衰弱，可缩剪成小型枝组。

② 中型结果枝组的培养和修剪

方法一：中长发育枝连续缓放或短截培养法；中长发育枝通过连续短截，即可培养成中型结果枝组。若发育枝较强壮，缓放一年后仍生长旺盛、成花很少者，则需要继续缓放。

方法二：小型结果枝组发展法；小型结果枝组若生长势较强，且有发展空间时，可对其发育枝进行短截，促进分枝，将其培养成中型结果枝组。

方法三：大型结果枝组缩剪法；大型结果枝组结果多年后，若占据空间过大，可将其缩剪为中型结果枝组。

③ 大型结果枝组的培养和修剪

方法一：中型结果枝组发展法；长势较强的中型结果枝组，若有发展空间，可对其上的发育枝短截，促进分枝，使它发展成为大型结果枝组。长势较壮的中型短果枝群不动，结果后即可变为大型短果枝群。

方法二：大型辅养枝缩剪法；进入盛果期以后，由于树体的扩大，枝量的增加，有些过于密挤的辅养枝进行了疏除，但有些辅养枝若疏除会使空间过大，对它则仍可继续保留，并将它缩剪为大型结果枝组。

④ 将长枝培养为结果枝组的方法

根据长枝的长势、空间大小及品种特性在适宜的部位，可培养成各种类型的结果枝组。

骨干枝的中部两侧，空间较大的地方，可通过多年连续短截，将长枝培养成大型结果枝组。

骨干枝的后部，则可将长枝培养成中型枝组。

骨干枝的背下、前部及其他小空间中生长较弱的长枝条，则可利用先放后缩或先截后缩法，将其培养成小型枝组。

成枝力低，易形成短果枝，且不易发生较长的果台枝的品种，如早酥梨和黄金梨等，对其长枝可用连续缓放法，将其培养成单轴长辫型枝组。这种枝组可维持多年，结果良好。

没必要去刻意将它培养成紧凑型枝组。少数成枝力强的梨树品种，如明月和贵妃等，一般用先放后缩法将它培养为中小型结果枝组，即先缓放形成花芽，然后回缩。如先进行短截，会发生很多中长分枝，不易形成花芽。

直立生长的长枝，无论是短截还是缓放，均生长旺盛，即使成花也往往很少。对它一般应采取拉、坠、别等措施，再进行培养。枝量大、无空间者，则疏除。

隐芽萌发的徒长性长枝，在空间大的缺枝部位和老树更新时，可进行培养，一般要疏除。

⑤ 将中枝培养为结果枝组的方法

对中枝，一般运用先放后缩或连续缓放法，将其培养为结果枝组。幼树和初果期树，其中枝一般生长健壮，缓放后其顶芽及附近芽延伸生长，其后可形成较多的短枝。如果短枝成花较多，对它适当回缩即培养成结果枝组。但有的品种在初果期短枝形成的当年，成花很少，如中梨号，则要继续缓放，直至成花结果多年，长势衰弱时再回缩。

⑥ 将短枝培养为结果枝组方法——放

梨树短枝多，短枝顶芽可能在第二年长成中长枝。

缓放短枝，待其延伸成中长枝后再加以培养。有的短枝顶芽是花芽（短果枝），在第二年结果的同时，会抽发出个果台枝。若抽生的果台枝有长有短，则可将长枝轻截，短枝不动，自成小型枝组。南方地区很多品种果树结果后，所抽生的果台枝仍为短（果）枝。前期生长势好时均可不动，形成短果枝群。因此，幼树至初果期树上的短枝，一般不行修剪，也没有必要进行所谓的破顶。

⑦ 将腋花芽枝培养为结果枝组的方法

缓放腋花芽枝，果实小，质量差。应根据花芽情况进行处理。若全树花量较少，可保留部分腋花芽，即对长度在30～50 cm的腋花芽枝，剪留3～5个腋花芽，使其结果后形成小型结果枝组。

（4）结果枝组的分布和配比（图7-44）

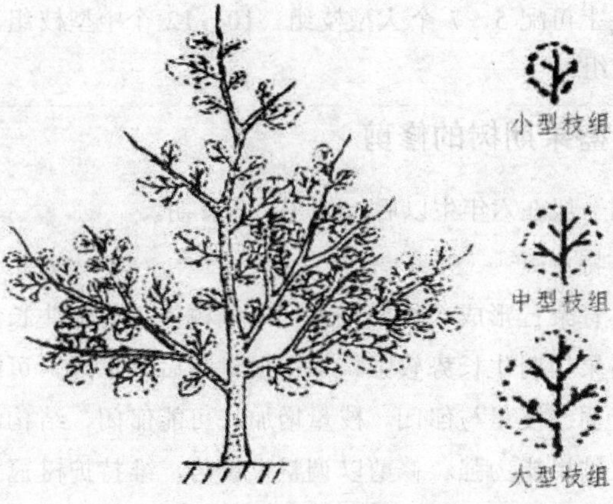

图7-44　梨树枝组配示意图

结果枝组间存在联系，如中心干上上部枝组生长旺盛，中下部枝组长势较弱；在主侧枝上，背上枝组生长强旺，则两侧和背下枝组生长势下降，前部枝组旺长，中后部枝组则变弱。

因此，结果枝组的培养、配置和修剪，应从整体着眼，使合理分布，才能最大限度地利用空间，保持树势的均衡发展。

枝组分布，要大小相间，错落有致，枝枝见光，达到树密枝不密，大中小分布合理。

在树体的上部，以中小型枝组为主；在中心干上，可布置一些中大型枝组。

在主侧枝上，前部以小型枝组为主，中部可配置中大型枝组，后部以中小型枝组为主；背上不可培养大型枝组，背下则可培养少量中小型枝组。总的来说，要以侧生枝组为主。

密植梨树，以中小型枝组为主，大型枝组为辅。一般地说，在盛果期配置完成后的一株树上，大型枝组占 15%、中型枝组 25%、小型枝组 60%左右。1.5 m×4 m 栽植的“Y”字形梨树，一个主枝上可配 5～7 个大型枝组，10～12 个中型枝组，20～25 个小型枝组。

3. 盛果期树的修剪

梨树一般在六年生以后，即进入盛果期。

（1）特点

树体骨架已形成，结果枝组已布满树体；树体生长势规律性变化。盛果初期生长势较强、中期强健、后期下降，可能反复，也可能衰弱；枝量与郁闭。枝量增加，可能郁闭、结构混乱，光照不足；结果能力强。修剪以调整生长势，维持护树冠大小，维持其良好的结果能力目的。

（2）修剪方法

控制背上大枝

背上大枝（枝组）有空间者，选留合适的斜生枝回缩改成中型枝组；无空间以及无合适的回缩部位时，则可疏除，特别是对花芽少的背上大枝，若附近又有较好的中小型枝组，可以做到疏后不空的，一般应一次性疏除。

疏除过密枝

有些前期留下的枝组，包括临时性辅养枝，进入盛果期结果多年后，由于枝组的扩大，枝量的增加，无空间的枝应进行疏除。

处理交叉重叠枝

盛果期枝组多年扩大、出现交叉重叠者，应进行处理。处理的方法一般是有放有缩，达到互不影响即可。

密植梨树盛果期产量是建立在群体效益基础上的，而非追求个体产量，留枝量明显少于稀植树，但也不能剪留太稀。即要有一个合适的修剪量，最后同样要达到“大枝稀，小枝密；外围稀，内膛密”，只是其稀密的程度与稀植树的有别而已。

限制树高

密植梨树树高一般控制在3 m以下，对于有中心干的梨树，进入盛果期后要适时落头，折叠扇形一般第四层以上即不再留主枝。

主、侧枝延长枝的处理

向行间伸展的主枝延长枝延伸至一定范围后，要缩放结合的办法，控制其发展。

“放”是指对延长枝适度剪截，刺激发枝，保持一定的生长势。剪截强度，要视该延长枝的长势和整个主枝前后的生长情况而定，一般剪1/4～1/3。

“缩”是指对延伸过长的主枝，在适宜分枝处回缩，加大尖削度，调整延伸方向。选用中弱枝带头，控制主枝前部的生长势，达到抑前促后的目的。通过以上方法，将主枝的伸展控制在一定的范围，使行间留有作业道。

向行内伸展的主侧枝，一般在进入盛果期后即可接冠的出现交叉碰头现象。修剪时也要有缩有放，互相让路。缩哪边放哪边，可根据其生长和花芽情况而定。

（3）结果枝组的修剪

结果枝组大小是可改变的。枝条生长，小可变大；枝组结果多，大型枝组可缩剪为中、小型枝组，无结果能力者要疏除，另培养新枝组来代替。动态变化中。应根据其生长发育规律和生长结果状况，对其适时进行调节，更新复壮，维持枝组健壮的生长势和结果能力。

小型枝组的修剪

生长健壮的小型枝组，其上多为短枝或短果枝，不必进行修剪。如果小型枝组上既有长枝，又有短枝，也可对长枝轻截。

中壮枝缓放后形成一串短枝或短果枝，如果该枝组长势较强，则可继续缓放不剪，这样次年其上短果枝可结果，短枝可转化为短果枝。若进行回缩则易使未成花的短枝抽成长枝。如果该枝组长势中弱，其上形成的短枝全为短果枝，则可选个短果枝回缩。

中型结果枝组的修剪

生长健壮的中型枝组，有空间时，可对先端发育枝进行适当的短截，促进分枝和向前延伸。

如无空间，则先端留中弱枝带头，维持枝组中庸健壮的生长势；结果多年、生长势和结果能力下降的中型枝组，则可压缩成为小型枝组。

中型结果枝组已有一定的更新能力，有条件实现内部果枝的轮换更新。只要对它修剪得当，使枝组长势健壮，不远离骨干枝，光照充足，则可以做到内部果枝开花结果，中间枝延伸成果枝，实现枝组内果枝的交替结果。但中型枝组如回缩过急，则容易刺激其中间芽抽生长枝，特别是剪口附近的中间芽更为突出。这在中型枝组的修剪上应加以注意。

大型结果枝组的修剪

大型枝组的修剪，主要是调整长势，使前后生长势平衡，维持结果能力。

大型枝组完全有条件实现枝组内的更新，因此的生长势和花芽状况。

复合型枝组的修剪

复合型枝组，要视其情况，适时回缩，防止扩展过快，体积过大和枝组过于松散。

枝组中的长枝应注意保留一部分，不可全疏。因为这种枝组的花芽多是由其中的发育枝形成的，如将这种较长的枝全部剪除，则极易造成大小年结果。保留的数量比一般为长枝：短枝=1：(2～3)。

4. 衰老期梨树的修剪

梨树寿命长，正常管理时盛果期可维持 20～30 年或以上。衰老树修剪一般如下

第一，抬高骨干枝角度，回缩复壮（图 7-45）。

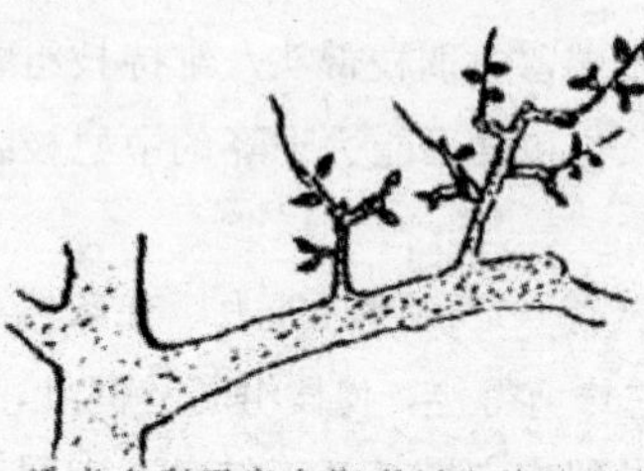

图 7-45　梨树背上枝组处理

第二，适当多利用背上枝组，对结果树枝组细致修剪。

第三，利用隐芽萌发的徒长枝，培养为新枝组。

树势中庸，枝条分生角度较大，幼树树冠较开张，容易进行整形和修剪。萌芽力高，成枝力中等。一年生发育枝短截后可发2～3个中长枝，其下多为短枝。

成花结果容易，以短果枝结果为主。初果期树有一定数量的中长果枝，可加以利用。

盛果期树以短果枝和短果枝群结果为主。果台健壮，易抽生果台枝和连续结果。修剪得当，可培养成紧凑的结果枝组。但如放松修剪，枝组的衰弱了也快。

其树形以小冠疏层形为好。

整形定干时，采用刻芽或涂抹抽枝宝的方法，促进剪口下萌发较多的主枝和尽快成形。初果期树多利用中长果枝结果和培养中小型枝组。短果枝结果后萌发出健壮的果台枝，不需修剪，可形成良好的小型枝组。但进入盛果期后，要注意对结果枝组及时进行更新复壮。

（八）常见品种的修剪

1．六月雪的整形修剪要点

六月雪品种生长势强健，枝条粗壮，分生角度小，干性强，树姿直立。枝条萌芽力强，成枝力较高，一年生枝短截先端可萌发 3～4 个中长枝。以短果枝结果为主，初果期有一定的中长果枝。果枝结果后可发较长的果台枝 1～2 个。一般中长果枝结果后，其顶端萌发较长的果台枝，后部成花，也有的短果枝结果后萌发为果台短枝（芽），部分可成花连续结果。

六月雪宜采用“Y”字形或折叠式扇形。用小冠疏层形树形时，要注意控制中心干的生长。中心干弯曲上升，疏除其上较旺的枝，防止上强。

幼树期修剪时，对发育枝轻剪长放，配合拉、坠、别，促进成花。切忌剪截过重，同时也要避免见发育枝就去的做法。对主枝，在生长季节要拉枝开张角度。

幼树培养结果枝组，可先放后缩。要保留适当的预备枝，缓放成花，实现结果枝和预备枝交替结果。

初果期，中长果枝结果后顶端发生的较多果台枝，应适当回缩掉一部分，以防止生长势和结果部位外移。

2．脆绿梨的整形修剪要点

脆绿树势中庸，树姿开张，容易成花结果，早果丰产性好，二年生幼树即可挂果 5～9 个，以中、短果枝结果为主，较易形成腋花芽结果。果枝结果后，多发生个中长果台枝。特别是初果期中长果枝，在结果的同时，顶端可抽生多个果台枝，较长的果台枝上当年多能形成腋花芽。

脆绿梨中、长果枝结果的同时，顶端易抽生果台枝，较长的果台枝易形成腋花芽。修剪上应注意适当多截，以保持树体的生长势。

结果枝组培养，多用先截后放或先截后缩法培养中小型枝组，用连截法培养中、大型枝组。

要注意调整好枝组内结果枝和发育枝的比例，防止结果过多使树势衰弱。

缓放形成的串花枝，要进行适当回缩。否则，所结的果实小，而且发生的果台枝细弱。在初果期，可利用短果枝结果，腋花芽也应尽量少留。

对结果枝组，要注意及时回缩复壮和细致修剪，细弱果台枝要予以疏除；较壮且有腋花芽者，可保留 3～4 个腋花芽后予以剪截。

3. 西子绿梨的整形修剪要点

西子绿品种树势中庸，树姿较开张，萌芽力强，成枝力中等。一年生发育枝短截后，可抽生长枝条和多个短枝。易成花坐果，早果丰产性好。果枝结果后多萌发条较长的果台枝，也有的萌发为果台芽。长果台枝上可形成腋花芽。

适用于小冠疏层形或“Y”字形树形。整形时，主枝角度不宜过大，以免早期挂果后下垂衰弱。

多采用先截后放或先截后缩法培养中小型枝组，采用连续短截法培养人型枝组。

4. 圆黄梨的整形修剪要点

圆黄品种树势中强，树姿开张。枝条萌芽力强，成枝力也较强，枝条分生角度大。

圆黄梨果枝结果后可萌发 1～3 个果台枝或芽，多数为一个较长的果台枝或一枝一芽，或仅发一个果台芽。果台枝易形成腋花芽。

初结果树以中长果枝和腋花芽果枝结果为主，短枝易延伸成中长枝，同时成花。因此，易形成松散的结果枝组。进入盛果期后，转变为以短果枝结果为主。

树形可培养成小冠疏层形或“Y”字形。

结果枝组多用连放法培养成单轴长辫形枝组，初果期树可多利用中长果枝和腋花芽果枝结果，但对过多的中长果枝和腋花芽果枝应疏掉一部分，以节省养分。过长的果枝也可轻截成预备枝，中果枝一般前部几个花芽发育较好，所以一般不截使其结果，待结果后回缩成枝组。

5. 黄金梨的整形修剪要点

黄金梨生长势强，树姿半开张。萌芽力强，成枝力中等，短枝多，花芽容易形成，以短果枝及短果枝群结果为主。极易形成中短果枝和腋花芽，早果丰产性能好。

果枝结果后极易形多萌发出 1～2 个果台短枝，其中少量为较长的果台枝。具有连续结果能力，长果台枝上也会有腋花芽。由于成花结果多，在土层薄、肥水管理跟不上时，易造成树势衰弱。

适宜的树形

幼树要适当轻剪缓放和多留枝，连续缓放或轻短截，以培养结果枝组。

大量结果后，要及时回缩结果枝组。否则，果枝结果后因抽生果台枝困难，而形成很多无枝的空果台，使结果部位外移。

对短果枝群，应进行细致的修剪，做到去弱留壮，去远留近。对腋花芽果枝，在初果期和花少的年份可加以利用，但树势较弱时要尽量少利用。对串花枝结果后形成的较多的果台枝，可适当回缩掉一部分，以便集中养分。

八、梨病虫害防治

防治病虫害要遵照绿色食品的要求，逐步营造良好的梨园生态环境，搞好综合防治，做到以预防为主。

（一）主要病害防治

1. 梨黑星病

梨黑星病（图 8-1）是梨树的一种主要病害，能侵染一年生以上枝干以外的所有器官，叶片受害常造成树体早期大量落叶；幼果被害呈畸形，不能正常膨大，同时病树第二年结果减少，严重影响收益。我国南方高温高湿，适宜黑星病发生。白梨系品种易感染，砂梨系品种抗性较好，但也有少数品种感病。

图 8-1　梨黑星病

症状

梨黑星病可以为害梨树的所有绿色组织，包括叶片、叶柄、果实、果柄、新梢和果台等。受害处先生出黄色斑，逐渐扩大后在病斑叶背面生出黑色霉层，从正面看仍为黄色，不长黑霉。果实受害处先出现黄色圆斑并稍下陷，后期长出黑色霉层。枝条被害生成黑色病斑，形状不一，湿度大时也生出黑雾。

为害梨树的果实、果梗、叶片、叶柄和新梢等。从落花期到果实近成熟期均可发病，病部已形成显著的黑色霉斑，很像一层霉烟，这是最主要的特征。叶片受侵后先在正面发生多角形或近圆形的褪色黄斑，而在背面产生辐射状霉层，尤以小叶脉上最易着生，病情严重时，病叶大量早落。幼果受害大多早落或病部木质化并停止生长而发展成畸形果。大果受害可发生几个到十几个病斑，形成疮痂状凹斑，并常发生龟裂，病斑伤口常被其他多种果实腐烂病菌进行浸染，使全果腐烂。

防治措施

① 选用抗病品种。建园时，选择玻梨、香水梨、西洋梨等抗病性较强的品种。

② 清除越冬菌源。秋末冬初清扫落叶和落果，集中烧毁；早春梨树发芽前结合修剪，除去病梢，减少侵染来源，对减轻发病有很大的作用。生长期随时摘除病花序、病叶、病果、病梢，消灭侵染传播中心，防止病菌增殖和蔓延。

③ 加强栽培管理。增施有机肥，特别是磷钾肥，可以增强树势，提高树体抗病力。

④ 药剂防治。要抓好化学防治的三个关键时期，4～5 月份病原菌的繁殖累积期，6 月份的流行始期，及果实采收前 1 个月均为防治关键时期。

早春梨芽膨大期用 5%～7%的尿素溶液或硫酸铵溶液加0.1%～0.2%代森铵液喷洒枝条；在梨树花前花后各喷1次波尔多液，对波尔多液敏感的品种，可喷代森锰锌。以后根据气候及发病情况每隔 15～20 d 对病株喷药 1 次，连续喷洒 3～4 次。可选药剂有 30%的绿得保胶悬剂 500 倍液，50%的凯克星 500～600 倍液，25%的氧环宁乳油 1 000 倍液，12.5%速保利 3 000 倍液，80%大生 M-45，62.5%仙生等对此病有良好的防治效果。

2. 梨干腐病

梨干腐病（图 8-2）遍及全国各梨产区。在北方旱区发生严重，是仅次于腐烂病的重要枝干病害。主干、主枝和较大的侧生均可发生，病斑绕侧枝一周后侧枝即枯死，较少造成死树。苗木和幼树受害，枝皮出现黑褐色、长条形病斑，质地较硬，微湿润，多烂到木质部。病斑扩展到枝干半圈以上时，常造成病部以上叶片萎蔫，枝条枯死。后期病部失水，凹陷，周围龟裂，表面密生黑色小粒点。梨干腐病菌也侵害果实，造成果实腐烂。

图 8-2　梨干腐病

梨干腐病防治方法

① 苗木和幼枝合理施肥，控制枝条徒长。干旱时应及时

灌水。

② 加强栽培管理增强树势：增施肥料、合理修剪、剪除病枯枝、适时灌水，低洼地注意排水。

③ 药剂防治：在苗木生长期，可喷布 160 倍石灰倍量式波尔多液，或50%退菌特可湿性粉剂800倍液。已发病的苗木，应于发病初期刮除病斑，并用托布津油膏涂抹病部，或涂 S-921 抗菌剂20～30 倍液或2%的401 抗菌剂。也可不刮除病斑，用刀将病斑纵向划条，然后涂抹401 抗菌剂20 倍液。

3. 梨锈病

梨锈病又名赤星病（图 8-3），是梨树的重要病害之一，在南方梨园附近有栽植桧柏的地区均有发生。梨锈病菌为转主寄生菌，其转主寄主有龙柏、刺柏等。梨锈病使梨树叶片干枯，果实呈畸形，易早落，影响梨果产量和质量。

图 8-3　梨锈病

发病规律

① 以菌丝体在桧柏发病部位越冬。

② 次年春形成冬孢子角，在雨后吸水膨胀，冬孢子开始萌发产生担孢子；担孢子随风雨传播，引起梨树叶片和果实发病，产生性孢子和锈孢子。

③ 锈孢子只能侵害转主寄主桧柏的嫩叶和新梢，并在桧柏上越夏、越冬，无再侵染。

发病条件

① 担孢子传播的有效距离是2.5～5 km，此范围内患病桧柏越多，梨锈病发生越重。

② 梨芽萌发、幼叶初展前后，天气温暖多雨、风向风力有利于担孢子的产生和传播时发病重。

③ 梨树的感病期很短，自展叶开始20 d内最易感病，超过25 d，叶片一般不再受感染。

中国梨最感病，日本梨次之，西洋梨较抗病。

梨锈病防治方法

① 清除转主寄主：彻底砍除距离梨园5 km以内的桧柏类树木，是防治梨锈病菌的有效方法。在建立新梨园时，也应考虑附近有无桧柏存在，如有零星桧柏，应彻底砍除。

② 对转主寄主喷药：如梨园附近桧柏不宜砍除时，可对桧柏喷药杀灭孢子。喷药时间在梨树发芽前，冬孢已经成熟，但未胶化时为宜，基本可以控制梨树发病，使用3～5波美度石硫合剂或40%福美砷100液。

③ 对梨树喷药：对桧柏喷药，还不能彻底防治此病时，必须对梨树进行喷药，预防担孢子的侵染。梨树喷药时间，应在梨树萌芽至展叶后25 d内为宜，即在担孢子传播侵染盛期限进行，

每隔10 d喷药一次，连喷三次。药剂种类，可用25%粉锈宁可湿性粉剂1 000～1 500倍液或65%代森锌可湿性粉剂500倍液、50%硫悬浮剂200倍液、50%退菌特可湿性粉剂800～1 000倍液。

④ 彻底清园，减少越冬病原菌和害虫。梨树上的僵果、病枝和落叶，常窝藏有多种病原菌和害虫。因此，秋天落叶后，结合冬季修剪剪掉树上的僵果和病枝，并及时打扫落叶、落果和树枝，集中烧毁。

⑤ 加强梨园管理，增强树势，提高抗病虫能力。一是在秋冬季深翻土壤，清除杂草，以便改善梨园卫生条件，同时消灭越冬虫、卵；二是结合秋、冬季梨园深耕，每年施一次基肥（以磷、钾肥为主或施有机肥），及时搞好排水和灌溉；三是用生石灰涂干（按石灰、水1∶3的比例稀释），防止害虫产卵，有虫治虫，无虫防病。

4．梨黑斑病

梨黑斑病（图 8-4）是梨树的重要病害，在梨区普遍发生，以苹果、梨发病最为严重。

① 叶片染病，开始时产生针头大小圆形黑色的斑点，以后逐渐扩大成近圆形或不规则形。中央灰白色、边缘黑褐色，潮湿时病斑表面产生黑色霉层，引起早期落叶。

② 幼果受害，初期在果面上形成一个至数个针头大黑色斑点，后逐渐扩大成近圆形；病斑略凹陷，表面生黑霉，后期龟裂、脱落。一般年份 4 月上旬至 5 月初叶片开始小现病斑，6 月中下旬进入发病盛期。果实于 5 月上旬出现病斑，6 月中下旬开始龟裂，7～8 月份大量脱落。温度和降雨量是梨黑斑病发生流行的重要条件。

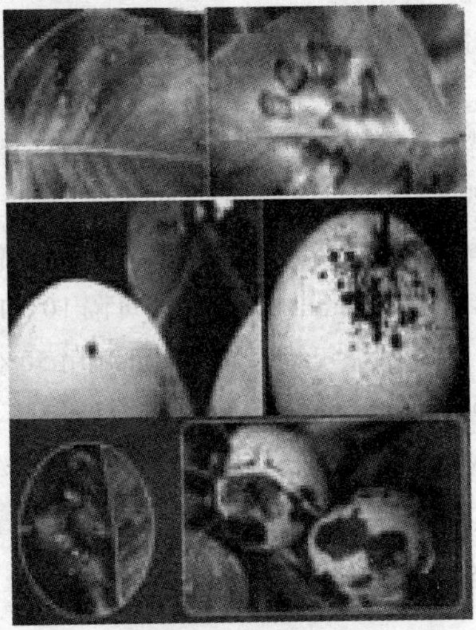

图 8-4　梨黑斑病

③ 叶柄及新梢：病斑早期黑色，椭圆形，稍凹陷，后扩大为长椭圆形或纺锤形，凹陷更明显，淡褐色，病健部分界处常产生裂缝，有时呈疮痂状，遇风易折断。

发病规律

① 以分生孢子和菌丝体在病叶、病梢及病果上越冬。

② 翌年春季病组织上产生新的分生孢子，经风雨传播，

③ 从气孔、皮孔或直接侵入寄主组织引起初侵染，从展叶到果实采收田间可发生多次再侵染。

④ 枝条上越冬病斑于24℃最易形成分生孢子。

梨黑斑病防治方法

① 加强栽培管理。增施有机肥提高树体自身抗病能力，及时中耕除草，排除果园积水，降低温度，增强通风透光能力。

在历年黑斑病发生严重的梨园，冬季修剪宜重。发病后及时摘除病果。

② 消灭越冬菌源。发病前彻底清扫果园，清除园内的落叶落果，集中销毁，并喷布5波美度石硫合剂，铲除越冬菌源。

③ 生长季节树上喷药防治。4月下旬开始喷第1次药，以后可视病情，结合防治黑星病、轮纹病每隔10～15 d喷1次药，连喷7～8次，至7月中旬结束。药剂可选用50%扑海因可湿性粉剂1000～1 500倍液，10%宅丽安可湿性粉剂1 000～1 500倍液，80%大生M-45可湿性粉剂600～800倍液，1∶2∶240倍液波尔多液。

5. 梨轮纹病

梨轮纹病亦称瘤皮病、粗皮病（图8-5）。发生普遍，发病严重。主要危害树干和果实，导致树势衰弱果实腐烂，田间病果率可达80%以上。防治轮纹病的关键是提高树体的抗性，消灭越冬病原。在病原传播和侵入过程中掌握最佳时期喷药保护尤为重要。梨轮纹病分布遍及全国各梨产区，尤对日本砂梨品种群为害严重。

梨轮纹病防治方法

① 秋冬季清园，清除落叶、落果。

② 刮除枝干老皮、病斑，用50倍402抗生素消毒伤口；剪除病梢，集中烧毁。

③ 加强栽培管理，增强树势，提高树体抗病能力。

④ 合理修剪，园地通风透光良好。

⑤ 芽萌动前喷布5波美度石硫合剂。

图 8-5　梨轮纹病

⑥ 生长期喷药防治。4 月下旬至 5 月上旬、6 月中下旬、7 月中旬至 8 月上旬，每间隔 10～15 d 喷一次杀菌剂。药剂可选用：50%多菌灵可湿性粉剂 800 倍；50%克菌灵可湿性粉剂 500 倍；70%甲基托布津可湿性粉剂 1 000 倍；50%退菌特可湿性粉剂 600 倍；70%代森锰锌可湿性粉剂 900～1 300 倍。

⑦ 果实套袋，保护果实。

6. 梨树腐烂病

梨树腐烂病（图 8-6）也称臭皮病，梨树腐烂病主要为害主干、大枝的树皮，也为害小枝。

症状分枝枯型和溃疡型。

枝枯型：病部边缘不明显，病部无明显水渍状，扩展迅速，重者使枝条树皮烂一圈，上部树枝枯死。

图 8-6　梨腐烂病

溃疡型：春季，发病初期病部树皮呈红褐色，逐渐呈水渍状，用手按压稍感松软，病斑多呈椭圆或不规则形，病组织变黄褐色略有酒糟气味，病部逐渐失水凹陷，几周以后病部表面出现疣状小黑点，雨后或空气潮湿时，从其上涌出淡黄色的孢子角，后期病部干缩下陷，色变暗，常在病健交界处开裂。

梨树腐烂病发生为害与栽培管理及冻害有关。

梨树腐烂病防治方法

① 刮治。像刮治苹果腐烂病那样刮去病斑，刮下的病皮集中烧毁。刮后涂40%福美胂50倍液，或30%腐烂敌30倍液，或843康复剂原液。

② 结合修剪剪除病枝烧毁。

③ 喷药。发病重的梨园于春季梨树发芽前全树喷 40%福美胂100倍液，或5波美度石硫合剂，或30%腐烂敌100倍液。

④ 加强栽培管理，增强树势，控制果实负载量，增强抗病力。

7．梨炭疽病

梨炭疽病也叫苦腐病（图8-7)。我国多数梨区发生。该病主要为害果实，也为害枝条，果实病斑圆形，暗褐色，水渍状。呈现同心轮纹，病部果肉腐烂直至果心，呈漏斗状，有苦味。后期病斑产生小黑点，也呈同心轮纹排列。枝梢病斑黑色，表皮粗糙，严重时枯死。

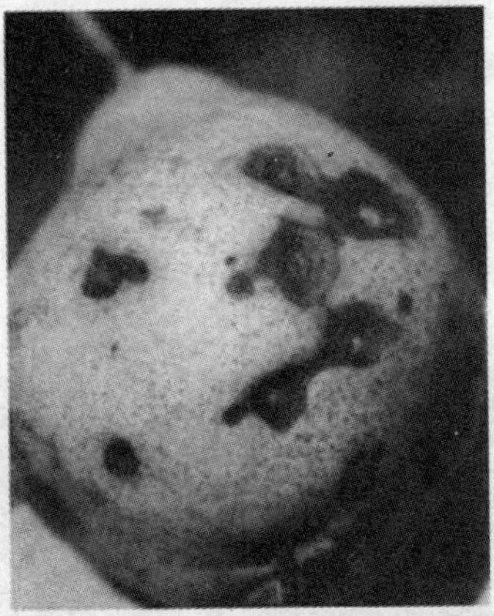

图 8-7 梨炭疽病

梨炭疽病防治方法

① 铲除病源：冬季结合修剪，把病菌的越冬场所，如干枯枝、病虫为害破伤枝及僵果等剪除，并烧毁。

② 加强栽培管理：多施有机肥，改良土壤，增强树势，雨季及时排水，合理修剪，及时中耕除草。

③ 药剂防治：从 5 月下旬或 6 月初开始，每 15 d 左右喷 1 次药，直到采收前 20 d 止，连续喷 4～5 次。雨水多的年份，喷药间隔期缩短些，并适当增加次数。药剂可用 200 倍石灰过量或波尔多液，或 50%敌菌灵 500～600 倍液，或 75%百菌清 500 倍液，或 65%代森锌 500 倍液，或 50%托布津 500 倍液。

④ 果实套袋：套袋之前，最好喷一次 50%退菌特可湿性粉剂

600～800倍液。

⑤ 低温贮藏：采收后在0～15℃低温贮藏可抑制病害发生。

8. 梨黑皮病

梨黑皮病（图8-8）主要有两种类型，一种是不均匀变色型，果皮表面现浅黄色或褐色至黑褐色不规则斑块，严重的病斑连片，多始于萼洼处；另一种是均匀变色型，整个果皮变为黄褐色，无光泽。以上两型病部均限于果皮，不侵入果肉，但商品价值降低。

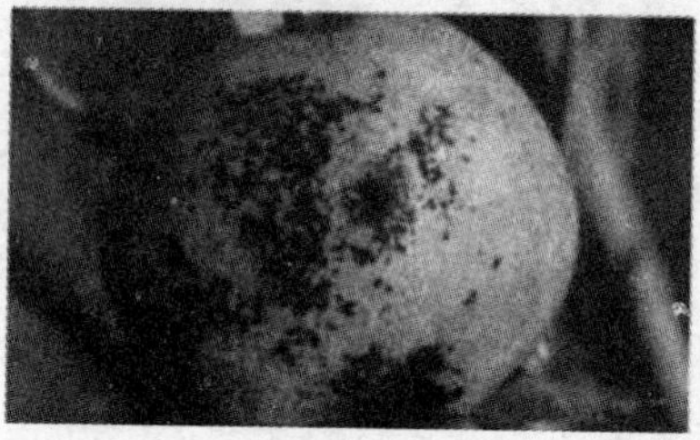

图8-8 梨黑皮病

梨黑皮病防治方法

① 适期采收，对不同树龄的果实要分批采收。

② 改善贮藏条件，适当通风，控制温度变化。

③ 使用梨或鸭梨保鲜纸或单果塑料袋包装，可大大减少鸭梨黑皮病在贮藏中的氧化作用，防止黑皮病的形成。

④ 用1 000 mg/kg的50%虎皮灵药液浸过的药纸包果贮藏，可显著减轻病害发生。

9. 梨火疫病

梨火疫病是苹果、梨等许多蔷薇科植物毁灭性的细菌病害，主要危害花、叶和枝条，同时也发生在果实和树干上。病害从树梢可很快扩展到枝条和树干，直至根部，就会造成一棵多年培育的梨或苹果树在几星期内被此种病害导致死亡。各国尽管采取了一系列防御措施，但是此病仍以惊人的速度传播蔓延。

梨火疫病防治方法

① 严格检疫是目前最根本也是最有效的防治方法。

② 避免在低洼易涝地定植。

③ 芽前刮除发病树皮，在生长季节每隔 7 d 检查 1 次各种发病新梢和组织，发现后及时剪除。对因各种农事操作造成的伤口都要进行涂药保护。

④ 喷药：一方面要及时喷药防治各种介体昆虫；另一方面要及时喷布杀菌剂，特别要注意风雨后要及时喷药，因为风雨后形成大量的伤口也有利于细菌的侵染。

10. 梨褐腐病

梨褐腐病又称菌核病，是仁果类生长后期和贮藏期重要的病害，该病主要为害近成熟果实，发病初期在梨表面产生褐色圆形水渍状小斑点，扩大后病斑中央长出灰白色至褐色绒状霉层，呈同心轮纹状排列，病果果肉疏松，略具韧性，病害扩展很快，1 周左右可致全果腐烂，后期病果失水干缩，成为黑色僵果，大多病果早期脱落，也有个别残留在树上，贮藏期中，病果呈现特殊的蓝黑色斑块。

梨褐腐病防治方法

① 加强果园管理。秋末采果后耕翻土壤，清除病果，生长季节随时采摘病果，集中深埋或销毁。

② 适时采收，减少伤口，防止贮藏期发病。贮藏前严格挑

选，去掉各种病果，伤果，分级包装。运输时减少碰伤，贮藏期注意控制温湿度，保持1～2℃，相对湿度90%。定期检查，发现病果及时处理，减少损失。

③ 药剂防治。花前喷45%晶体石硫合剂30倍液。花后及果实成熟前喷1∶3∶（200～240）倍式多尔多液或45%晶体石硫合剂300倍液、50%多菌灵可湿性粉剂600倍液、50%甲基硫菌灵悬浮剂800倍液。

④ 贮藏果库、果框、果箱等贮果用具要提前准备，并用50%多菌灵可湿性粉剂300倍液喷洒消毒，然后用二氧化硫熏蒸，每立方米空间用20～25 g硫黄密闭熏48 h；也可用1%～2%福尔马林或4%漂白粉水溶液喷洒后熏蒸2～3 d。

⑤ 果实贮藏前用50%甲基硫菌灵可湿性粉剂700倍液或45%特克多悬浮剂3 000～4 000倍液浸果10 min，晾干后贮藏。

11. 梨白粉病

梨白粉病（图8-9）在我国梨产区均有发生。除为害梨树外，还为害桑、板栗、核桃等树木。病害严重时，病叶卷曲，病梢生长停滞、扭曲、枯死。严重影响产量和品质。

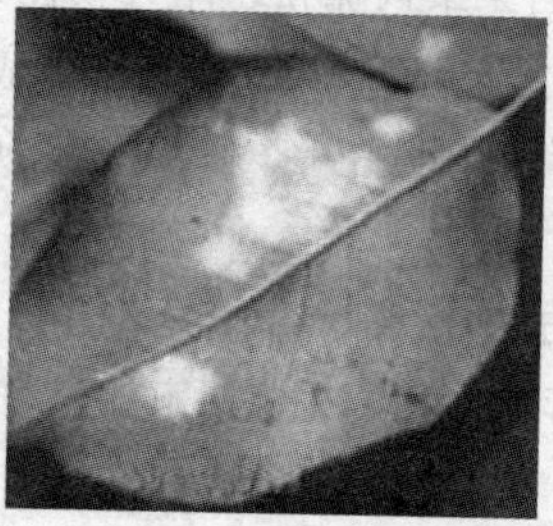

图8-9 梨白粉病

梨白粉病多为害老叶，发生在叶背面，初期病斑为白色霉状小点，逐渐扩展为近圆形白色粉斑。每片叶上霉斑数目不等，数斑相连形成不规则形粉斑，甚至扩及全叶，上覆白色粉状物（分生孢子）。后期在白色粉状物上，长出很多初为黄色逐渐变为黑色的小点（闭囊壳），严重时造成早期落叶。

梨白粉病防治方法

① 清扫落叶：秋季应彻底清扫落叶，集中烧毁灭，减少病菌初次侵染来源。

② 梨树发芽前，喷布一次5波美度石硫黄合剂。

③ 生长期发病严重的梨园，喷布0.3～0.5波美度石硫合剂：25%粉锈宁1 000～1 500倍液；50%硫悬浮剂200倍液；70%甲基托布津1 000～1 500倍液，防治效果均良好。

12. 梨褐斑病

褐斑病又名白星病和斑枯病（图8-10），为害梨叶，严重时能造成梨叶枯焦，大量落叶。

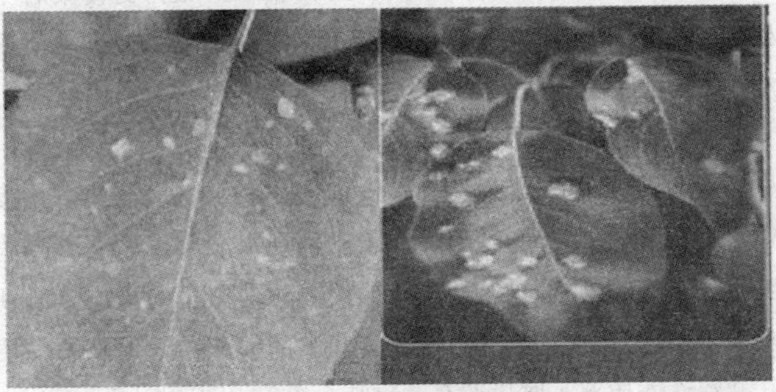

图8-10　梨褐斑病

为害叶片，初期叶面产生圆形或椭圆形小斑点，边缘清晰，扩展很快，一片叶上有数块乃至数十块病斑，病斑中部产生黑色小粒状突起，可以造成大量落叶。在雨水多的年份发病较重，肥力不足、阴湿的地块发病也较重。褐斑病在叶片上，单个病斑圆形。严重发生时多个病斑相连成不规则形，褐色边缘清晰，后从病斑中心变成白至灰色，边缘褐色，严重发生能造成提前落叶。

梨褐斑病防治方法

① 秋季清除病叶，集中烧毁，以减少病源。

② 增施有机肥、磷钾肥，增强树势，以提高抗病力。合理整枝，使树冠通风透光，可减少发病。

③ 雨季到来前喷托布津或50%多菌灵700～800倍液；或波尔多液200倍液，也可喷克菌丹500倍液

13. 白绢病

白绢病可以为害多种寄主植物，包括苹果、梨、桃、葡萄、杨树、柳树、酸枣、花生、豆类、野苜蓿等。果树受侵染后主要在根颈部发病腐烂，当地果农形象地称之为“烂葫芦”。苗圃也有不少受害发病。

为害症状

主要发生于梨的根颈部，在地面下 5～10 cm 处最多，发病初期，根颈表面形成白色菌丝，表皮呈现水渍状褐色病斑；菌丝继续生长，直至根颈全部覆盖着如丝绢状的白色菌丝层。后期在病部长出许多棕褐色或茶褐色油菜籽状的菌核。根颈部的皮层软腐，并深达木质部。腐烂部有酒糟味，并溢出褐色汁液。

白绢病防治方法

① 加强果园管理。做好果园排水工作，抑制病菌生长蔓延。增施有机肥料，使果树根系生长旺盛，提高抗病力。施用 5406 抗生菌肥料或油饼肥，抑止病菌的生长。苗木定植时，接口露出土面，防止土壤中的白绢病菌从接口处侵入。

② 药剂防治。经常检查树体地上部的生长情况，发现果树生长衰弱，叶形变小或叶色褪黄等症状时，扒开根部周围的土壤检查，确定是白绢病，先将根部病斑用刀彻底刮除，并用抗菌剂 401 的 50 倍液或 1%硫酸铜消毒伤口后，外涂伤口保护剂，再于根部土壤上浇施药液或撒施药粉防治。刮除的病斑，切除的霉根及病根周围扒出的土壤，清出果园并换上无病新土。应用的药剂种类及其浓度如下：代森铵：50%代森铵 150 倍液，用以灌浇土壤，对苗木白绢病有良好的防治效果，但对大树效果不显著。病树处理及施药时期，上半年可于 4、5 月进行，下半年可在 9 月进行，也可以在果树休眠期进行。但应避免在 7、8 月高温、干燥的夏季扒土施药。病树处理后，应加施肥料，如尿素或腐熟人尿等，以促使新根产生，加快树势恢复。

③ 选栽苗木消毒。苗木出圃时，严格淘汰病苗。对疑病苗木用 1%硫酸铜液或 2%石灰乳浸渍 1 h，水洗后再行栽植。

④ 掘除病土消毒。尽早掘除将死或已枯果树，集中烧毁病残根。用 150 倍五氯酚钠或撒施石灰粉灌浇病穴土壤。病情较重时用石灰氮消毒，每公顷用量为 750～1 125 kg。

⑤ 果园内不间作感病植物。因甘薯、马铃薯、大豆、瓜类及茄科蔬菜等也能感染此病，果园内不间作上述作物，防止交叉感染。

14. 梨霉心病

霉心病又称心腐病、果腐病。导致落果、烂果。

在梨的心室壁上形成褐色、黑褐色小病斑，随后果心变成黑褐色，病部长出灰色或白色菌丝。心室病菌继续往外扩展，造成果实由里向外腐烂，达到果面后，则成为湿腐状烂果。病果易早期落果。

梨霉心病防治方法

① 加强果园管理，在增施有机肥的基础上合理修剪，改善通风透光，降低湿度和采用花期喷药相结合的综合防治措施。对落果、病果及时收集，深埋。

② 梨树发芽前全树喷洒1～3波美度石硫合剂或40%福美胂100倍液。

③ 花期、幼果期喷洒50%多菌灵800～1 000倍液。生长期结合防治轮纹病等喷洒杀菌剂。

15. 梨干枯病

梨干枯病（图8-11）主要发生于枝干，有干腐型和枝枯型两种。干腐型病斑常见于主干、主枝，开始较小，近圆形，扩展缓慢，以后病斑与健部之间发生裂纹，呈紫褐色。病斑如不刮治，第二年将继续扩大，有的病斑连接成片状，会影响树势。枝枯型病斑常见于主枝、侧枝，多发生在弱树和结果过多的树。最初在树枝上发生水渍状斑块，向上下蔓延，病部组织松软，以后从裂皮、皮孔处流出水状汁液，过后变红褐色。后期病部呈紫褐色，略凹陷，有明显纵裂，病斑深达木质部，木质部呈紫黑色。病枝比正常枝提前落叶，当病斑环绕整个枝轴时，病枝即枯死。受害严重时整株死亡。

图 8-11　梨干枯病

梨干枯病防治方法

① 加强肥水管理，增施有机肥料，适时排灌，合理修剪，合理负担，改善光照，是预防发病的根本措施。

② 在发芽前喷洒 5 波美度石硫合剂；生长期结合防治其他病害，注意树干的喷药保护和防治。

③ 冬季结合清园，刮除病斑后用 10 波美度石硫合剂或硫酸铜 100 倍液，或 50%退菌特 500 倍液加平平加 200 倍液，或抗菌剂 402 的 50～100 倍液涂刷伤口消毒。果树生长期间，发现病斑应立即刮除，消毒保护药剂同上。

16. 梨根癌病

梨根癌病（图 8-12）侵染根组织后形成大小燎，形状不定，表面粗糙不平的癌瘤。癌瘤的大小从数毫米至 14 m 不等，由于其发育程度和内部木质化的程度不同，癌瘤的质地和硬度变化也很大。生长越久的癌瘤，组织越坚硬。癌瘤的形成和生长导致根系不能正常生长发育，造成地上部植株发育迟缓，生长势弱，新梢短，但不直接造成植株死亡。

图 8-12　梨根癌病

梨根癌病防治方法

① 苗木检查和处理：在调运果苗时，应该严格进行检查，彻底剔除病苗并对苗进行消毒处理。最好不用有病苗圃的苗木。苗木消毒处理可用 2%的石灰水、70%甲基托布津可湿性粉剂或50%多菌灵可湿性粉剂 800～1 000 倍液等药剂浸苗 10～15 min。

② 加强栽培管理。注意前作与间作：在育苗和建园时，应注意前作及先锋树种，尤其注意不要在生长有柳树的河滩地、其他旧林迹地、以前育过苗并发现病害的苗圃地等处育苗或建园。

③ 土壤与病残体处理：对于可能带菌的土壤，要妥善进行处理。例如，必须在旧林地建果园时，首先要彻底清除树桩、残根、烂皮等带病残体；还要对土壤进行翻晒、晾晒、灌水或休闲、轮作；有条件者可用聚乙烯薄膜覆盖土壤过夏。

④ 改良土壤：增施有机肥、掺沙改黏、挖沟排水、种植绿肥。

治疗病树

① 挖开根区土壤寻找患病部位：对于根癌病，挖开树基土壤，暴露根颈部即可找到患病部位。

② 清理患部并涂药消毒：局部皮层腐烂者，用小刀彻底刮除病斑，刮下的病皮要集中处理，不要随便抛掷；也可用喷灯灼烧病部，彻底杀死病菌。整条根腐烂者，要从基部锯除，并向下追寻，直至将病根挖净。大部分根系都已发病者，要彻底清除病根，同时注意保护无病根，不要轻易损伤。清理患病部位后，要在伤口处涂抹杀菌剂，防止复发；对于较大的伤口，要糊泥或包塑料布加以保护；对于严重发病的树穴，要灌药杀菌或另换无病新土。所用药剂有2%石灰水。此外，40%福美砷可湿性粉剂500～800倍液、2波美度石硫合剂、40%五氯硝基苯粉剂50～100倍毒土等也可用。

17．梨贮藏期腐烂病

梨贮藏期腐烂病在全国各梨产区普遍发生，主要在贮藏和运输过程中发生。除潜伏浸染的轮纹病、褐腐病病果在贮藏期继续发病腐烂以外，还有灰霉腐烂、表霉腐烂、红粉腐烂，这3种腐烂病仅在贮藏期发生，是造成贮藏期烂果的重要病原。尤其是在贮藏条件不当，贮藏期过长时，更易大量发生，造成很大的经济损失。

① 灰霉腐烂：是白梨系品种，鸭梨和雪花梨在冷藏条件下

发生最普遍的一种。病斑圆形，淡褐色，略凹陷，随病斑的扩大颜色逐渐加深，新扩展部分仍保持褐色。病斑的扩展速度受温湿度的影响，高温高湿条件下病斑扩展很快，并在斑上形成灰色霉层。室温干燥条件下放置，最后形成僵果。

② 表霉腐烂：能引起梨果实腐烂的表霉属真菌有数种，其中最主要的是扩展青霉。病斑圆形，褐色略凹陷。高温条件下果实很快腐烂，并在果实上长出绿灰灰色霉层。病果有的有机物霉变时形成的霉味。

③ 红粉腐烂：病斑圆形，淡褐色，上生白色绒毛状霉层，随病斑的扩大霉层变成粉红色。高温高湿条件下病果很快腐烂，病果有苦味，室内干燥放置的病果变成僵果。

梨贮藏期腐烂病防治方法

① 严格采收管理。在采收、分级、包装、装卸、运输的各个环节都要进行严格管理，最大限度地减少伤口。

② 入库前对冷库进行全面彻底的清理，清除各种霉变杂物，喷施杀菌剂或施放烟剂进行消毒处理。

③ 在果实装箱前进行浸药处理，装箱后尽快入库，贮藏期定期抽样检查，及时发现病果并清除。

（二）梨树虫害种类

1. 梨大食心虫

梨大食心虫（图 8-13），简称梨大，俗名“吊死鬼”、“钻眼虫”。国内各梨果产区均有发生，其幼虫为害梨芽和果实，是梨树重要害虫之一。

梨大幼虫可为害梨芽（主要是花芽）和梨果（主要是幼果）。

越冬芽被害时，从芽的基部蛀入，蛀孔外有细小虫粪以丝缀连，幼虫在芽内做一白茧越冬。被害芽干瘪，春季不开裂。越冬后幼虫转芽为害时，先在芽鳞基部拉丝，而后从基部蛀入，虫孔外有虫粪，鳞片不易脱落。当梨果萼片脱落时，越冬幼虫自幼果萼洼附近蛀入，蛀孔外堆有褐色虫粪。幼虫老熟前可为害 2～3 个幼果。在最后一个果内化蛹。化蛹前幼虫吐丝将果柄基部用丝缠在枝上，被害果干枯变黑，但不脱落，故有“吊死鬼”之称。后期为害果时，入果孔多在萼洼附近，周围变黑，易腐烂。

图 8-13　梨大食心虫

发生规律

以幼龄幼虫在花芽内结灰白色薄茧越冬。

辽宁为 1 年 1～2 代区，越冬幼虫在翌年梨花芽膨大前后开始“拱盖”出蛰，当鸭梨、秋白梨花芽抽芽，鳞片间露出 1～2 道 1 mm 宽的绿白色裂缝时为出蛰始期，花芽开放期为出蛰盛期，花序分离时为出蛰终止期。

出蛰后，立即转害其他花芽，5 月中旬至 6 月中旬，当梨果长到指头大时，越冬幼虫转害梨果，在最后被害的果实内化蛹，蛹期 8～15 d。

越冬代和 1 代成虫发生盛期分别为 6 月下旬至 7 月上旬、8 月上中旬。

梨大食心虫防治方法

① 芽萌动期掰虫芽杀死幼虫。

② 转果期及第一代幼虫害果期采摘虫果。老熟幼虫化蛹期将虫果集中烧掉或深埋。

③ 保护利用天敌，收集有寄生蜂、寄生蝇的虫果，用这些昆虫防治梨大食心虫。

④ 幼虫转芽期可喷灭扫利 1 000 倍液。

⑤ 芽膨大露白期转芽初期喷药防治。可喷功夫菊酯等的 1 000 倍液。

⑥ 成虫发生期喷灭扫利 2 000 倍液等。

2. 梨小食心虫

梨小食心虫简称梨小（图 8-14），又名梨小蛀果蛾、东方果蠹蛾、梨姬食心虫、桃折梢虫、小食心虫、桃折心虫，小卷叶蛾科。梨小在各地果园均有发生，是梨树的重要害虫，在梨、桃树混栽的果园为害尤为严重。梨小除为害梨、桃树外，也为害李、杏、苹果、山楂等，严重影响果品质量及梨果产量。

在梨树与桃树混栽的果园中，梨小为害严重，发生情况复杂。春季幼虫主要为害桃梢，夏季一部分幼虫为害桃梢，另一部分为害梨果，秋季主要为害梨果。桃梢被害，幼虫多从新梢顶端2～3片叶的叶柄基部蛀入，在蛀孔处有流胶及虫粪，不久新梢顶端萎蔫枯死。

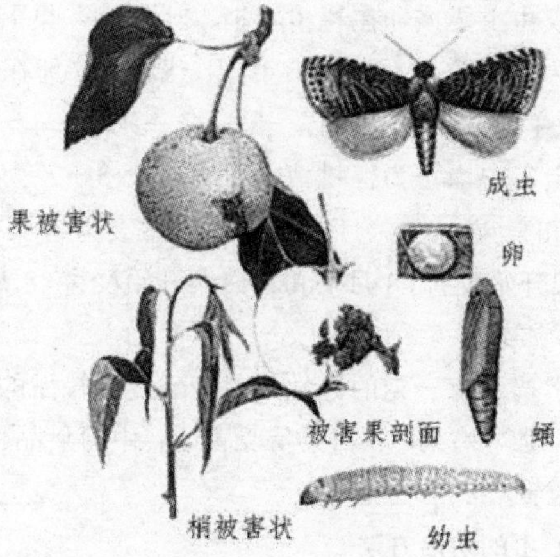

图 8-14　梨小食心虫

在梨果上为害，幼虫多从萼洼和梗洼处蛀入，前期入果孔很小，呈青绿色稍凹陷。后期入果孔黄褐色，状似是果点，不凹陷。幼虫蛀入后直达果心，蛀食种子，不纵横串食。被害处表皮变黑，有 1～2 个小圆孔，从孔内排出虫烘。脱果孔圆形较大，外有丝网连接虫粪。虫孔易被病菌侵略者染腐烂（如褐腐病）。有的幼虫只在表皮下蛀食为害，虫疤黑色，表面有 1～2 个排粪孔（很像苹小被害状）。

在单纯梨园中，前期幼虫主要为害新梢、梨芽、叶柄，后期主要为害梨果。芽被害，从芽基部蛀入，芽外有碎屑，并有1～2片叶枯萎。叶柄和新梢被害与桃梢被害状相似，幼虫自叶柄或新梢基部蛀入，在其内蛀食，咬一小孔，将粪排出。

发生规律

自北向南1年发生3～7代，以老熟幼虫结茧在树干老翘皮裂缝、土表层、剪锯口、石块下等处越冬。

越冬代成虫主要产卵在桃树新梢、叶片及杏果上，1代幼虫在6月主要为害桃树的新梢和果实。1代成虫产卵在桃树或梨树上。2代成虫主要产卵在梨树上。

梨小在全年中均可为害桃梢或果实，以5～7月为害严重，以后为害桃和梨果，在7月中旬至9月主要为害梨果。一般在7月中旬鸭梨开始受害，8月上旬秋白梨开始受害，8月中旬以后，秋子梨开始受害。

成虫对黑光灯有一定的趋性，对糖醋液有较强的趋性。雌蛾对性诱剂趋性强。鸭梨、秋白梨等受害重；中国梨品种受害较重，西洋梨受害较轻。

梨小食心虫的防治方法

① 梨树发芽前，细致刮除老枝干、剪锯口、根颈等处的老翘皮，集中烧毁，消灭越冬幼虫。

② 秋季在越冬幼虫脱果前，在树干或主枝基部绑草，诱集幼虫越冬，冬前解下烧毁。

③ 在第一代和第二代幼虫发生期，人工摘除被害虫果。并连续剪除被害桃、梨虫梢，立即集中深埋。

④ 生物防治：在梨小卵发生初期，释放松毛虫赤眼蜂，每5 d放一次，共放5次，每亩每次放蜂量为2.5万头左右。

⑤ 药剂防治：根据田间卵果率调查，当卵果率达到 0.3%～0.5%时，并有个别幼虫蛀果时，立即喷布50%杀螟松1 000 倍液，20%杀灭菊酯2 000～3 000 倍液，均有良好的防治效果。

⑥ 桃、梨混栽的果园，应加强桃园的防治工作。并在卵孵化未期，部分幼虫已蛀入嫩梢时，细致喷布80%敌敌畏乳油1 500倍液，杀死嫩梢中的幼虫及初孵化的幼虫。

3. 梨象鼻虫

梨象鼻虫又称梨虎（图 8-15），梨象甲，俗称梨狗子，属鞘翅目，象虫科。以山区、丘陵岗地为害较重。除为害梨外，还为害苹果、桃、李、枇杷等果树。成虫、幼虫均可为害。主要为害果实，梨芽萌发抽梢时，成虫取食嫩梢、花丛成缺刻。幼果形成后即食害果实成宽条缺刻，并咬伤果柄。产卵于果内。幼虫孵出后在果内蛀食，造成早期落果，严重影响产量。

梨象鼻虫的防治方法

① 5～6 月利用成虫假死习性，在树下人工捕杀。特别是在降雨之后。

② 6～7 月间及时拾地上落果并打落被害果，消灭幼虫。

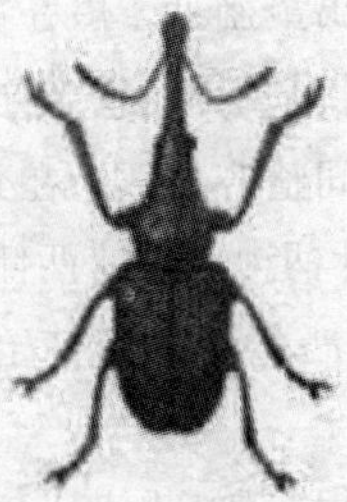

图 8-15 梨象鼻虫

③ 3月上、中旬成虫出土初期于树冠下地面撒施25%西维因可湿性粉剂或敌百虫。用0.75～1 kg药拌15～20 kg细土制成毒土，触杀出土成虫。

④ 药剂防治。成虫发生盛期，每隔10～15 d喷药1次，连续2次。有效药剂有80%敌敌畏800～1 000倍液、90%敌百虫1 000倍液，或杀螟松1 000倍液。5月上中旬重撒一次毒土。

4. 梨木虱

梨木虱又名梨虱子。以成虫与若虫吸食梨芽、叶及嫩梢汁液，以若虫为害为主。叶片受害后发生褐色枯斑，严重时全叶变褐，引起早期落叶。若虫分泌大量黏液，诱发煤污病。新梢被害后发育不良。果实受害后果面呈烟污状，影响外观品质。梨木虱的为害使树势削弱，当年产量受损，花芽分化受阻，给来年产量造成极大的损失。以成、若虫刺吸芽、叶、嫩枝梢汁液进行直接为害，分泌黏液，招致杂菌，使叶片造成间接为害、出现褐斑而造成早期落叶，同时污染果实，影响品质。

发生规律

辽宁3～4代，以成虫在树皮缝、落叶、杂草及土缝中越冬，梨树花芽萌动时出蛰，出蛰盛期一般在鸭梨花吐白期，出蛰的冬型成虫将卵产于短果枝芽基周围的树皮皱纹里。

第一代若虫孵化时间整齐一致，在梨树落花达90%左右时出现。夏型成虫将卵产于叶柄沟、主脉两侧和叶缘锯齿中间。

北方以7、8月危害严重，11月开始越冬。

梨木虱的防治方法

① 彻底清除树的枯枝落叶杂草，刮老树皮、严冬浇冻水，消灭越冬成虫。

② 在 3 月中旬越冬成虫出蛰盛期喷洒菊酯类药剂 1 500～2 000 倍液，控制出蛰成虫基数。

③ 在梨落花 95%左右，即第一代若虫较集中孵化期，也就是梨木虱防治的最关键时期。选用 27%水胺氰 1 200～1 500 倍液，10%吡虫啉 4 000～6 000 倍液，1.8%阿维虫清（齐螨素）2 000～3 000 倍液。

5. 梨茎蜂

梨茎蜂（图 8-16）又名折梢虫、截芽虫等，属膜翅目，茎蜂科。在我国各梨产区均有此虫为害，严重地区新梢被害率达 80%～90%，其主要为害梨。

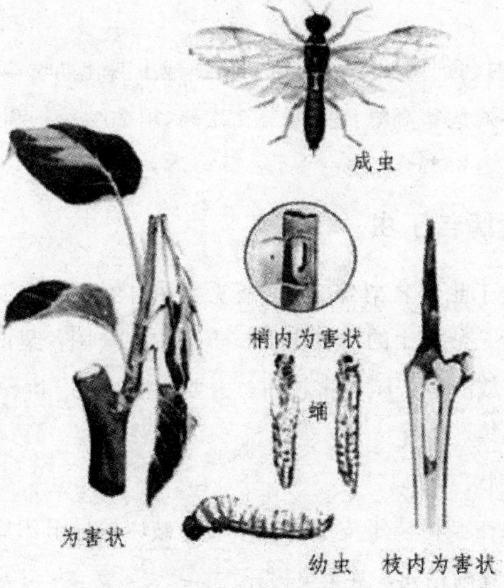

图 8-16 梨梨茎蜂

成虫和幼虫危害嫩梢和二年生枝条，成虫产卵高峰在中午前后，先以产卵器将嫩梢锯断成一断桩，而留一边皮层，使断梢留在上面，再将产卵器插入断口下方1～2 cm处产卵一粒，在产卵处的嫩茎表皮上不久即出现一黑色小条状产卵痕，卵所在处表皮隆起，锯口上嫩梢产卵后1～3 d凋萎下垂，变黑枯死，遇风吹落，成为光秃枝。也有嫩梢切断而不产卵的，一般以枝顶梢以及顺风向处最易受害。

梨茎蜂防治方法

① 捕捉成虫与剪除被害梢在梨树抽春梢时，利用成虫喜停息叶背的习性，于早晚和阴天人工捕捉成虫，4 月下旬在成虫危害新梢末期剪除被害梢，并集中烧毁：一般在锯口下2～3 cm处剪除。

② 适时药剂防治3 月下旬梨茎蜂成虫羽化期喷第1 次药，4 月上旬梨茎蜂危害高峰期前喷第2 次药，用20%灭扫利乳油2 000倍液，防效达85%～95%。

6．金缘吉丁虫

金缘吉丁虫又名梨吉丁虫、板头虫（图8-17）等，属鞘翅目，吉丁甲科，是梨树上的一种主要枝干害虫。全国各梨产区均有发牛，管理粗放的老梨园受害较重。主要寄主为梨、桃、苹果、杏、山楂、樱桃等。

为害症状

以幼虫在梨树枝干皮层纵横串食，破坏输导组织，造成树势衰弱，枝干逐渐枯死，甚至全树死亡。

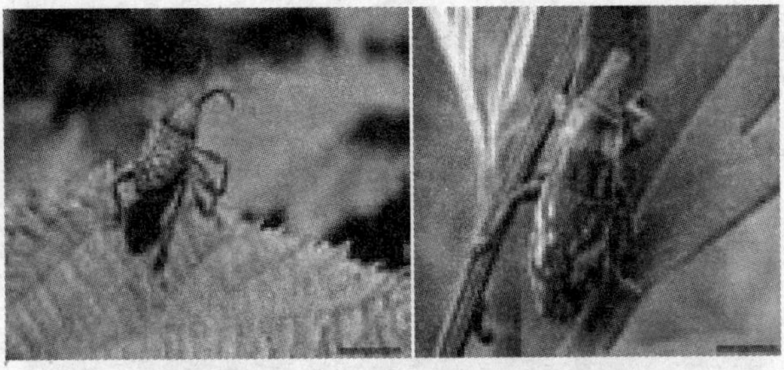

图 8-17　金缘吉丁虫

金缘吉丁虫防治措施

① 人工防治。冬季刮除树皮，消灭越冬幼虫；及时清除死树，死枝，减少虫源。成虫期利用其假死性，于清晨振树捕杀。

② 药剂防治。成虫羽化出洞前用药剂封闭树干。从 5 月上旬成虫即将出洞时开始，每隔 10～15 d 用 90%晶体敌百虫 600 倍液或 40%氧化乐果乳油 800～1 000 倍液喷洒主干和树枝。成虫发生期，在树上喷洒 80%敌敌畏乳油或 90%晶体敌百虫 800～1 000 倍液，连喷 2～3 次。

7. 茶翅蝽

茶翅蝽又名臭木椿象、茶翅蝽象，俗称臭大姐（图 8-18）等。为害梨、苹果、海棠、桃、李、梅、杏、樱桃、山楂、大豆等树木和作物。茶翅蝽主要为害梨果实。成虫、若虫刺吸梨果，使被害部果面凹凸不平，木栓化，形成“疙瘩梨”，不堪食用，果畸形，重者失去经济价值。

茶翅蝽防治方法

此虫寄主多，越冬场所分散，目前应以药剂为主结合其他措施进行防治。

① 人工防治：成虫越冬期进行捕捉；为害严重区可采用果实套袋防止果实受害。

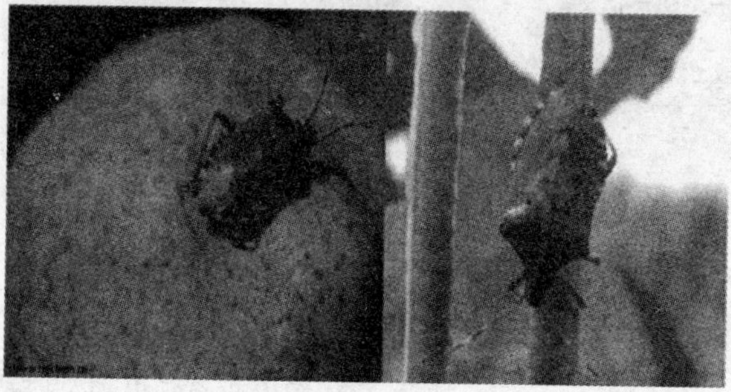

图 8-18　茶翅蝽

② 药剂防治：以若虫期进行药剂防治效果较好，越冬成虫较多的空房间可密闭用敌敌畏熏杀。

8. 梨圆介壳虫

梨圆介壳虫又名梨圆蚧、轮心介壳虫，俗名树虱子（图 8-19）。此虫在国内各地均有发生，是一种危险性害虫，是国际检疫对象之一。为害梨、苹果、枣、桃、李、杏、山楂等植物。梨树被害后，降低果品质量，削弱树势，重者枯死树。属同翅目、蚧科。

图 8-19　梨圆介壳虫

以雌成虫和若虫寄生在枝干、嫩枝、叶片及果实表面吸取养分。枝干受害后，皮层木栓化，韧皮部、导管组织衰亡，皮层爆裂，枝条衰弱，甚至死亡。梨果受害后，介壳布满果面，发生黑褐色斑点，果面龟裂，甚至干枯。

梨圆介壳虫防治方法

① 人工防治：在梨园最初点片发生，个别树的几个枝条发生严重，可剪掉这些枝条，或用刷子刷死越冬若虫，均可收到良好效果。

② 树体休眠期喷药防治：梨树发芽前，喷布 5 波美度石硫合剂，或5%柴油乳剂、3.5%煤焦油乳剂。

③ 生长期喷药防治：在越冬代雄成虫羽化盛期和一龄若虫发生盛期，是药剂防治的关键时期。可喷布 40%乐果乳油 1 000 倍液，25%亚胺磷乳油 400 倍液。

9. 潜叶蛾

金纹细蛾俗称潜叶蛾（图 8-20），为食叶害虫，主要以幼虫从叶背潜食叶肉，形成椭圆形虫斑，表皮皱缩成筛网状，叶面拱起，斑内有黑色虫粪，虫斑常发生在叶片边缘，严重时布满整个叶片，丧失光合能力，使有机养分供应不足，叶片发黄，果树早期落叶。金纹细蛾成为造成果树早期落叶病的主要虫害之一，每年造成果树落叶率达20%~30%，严重达50%以上。

金纹细蛾主要危害苹果，也可为害梨、桃、杏等。幼虫潜入叶背表皮下取食，造成下表皮与叶肉分离，叶背面形成一皱褶，叶正面虫斑呈透明网状。叶片正面呈现黄绿色网眼状虫斑，内有黑色虫粪。虫斑常发生在叶片边缘，严重时布满整个叶片。

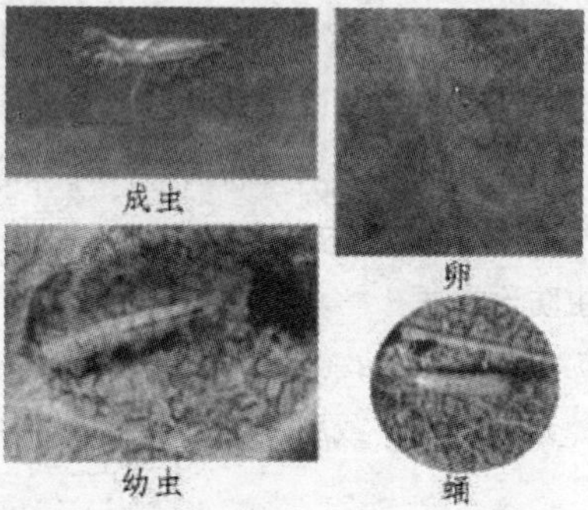

图 8-20 潜叶蛾

金纹细蛾防治方法

① 及时清洁田园。果树落叶后，大量的潜叶蛾虫蛹落入地下越冬，及时清除落叶，集中烧毁，可大大减少来年虫源。试验表明，秋末冬初，清洁枯枝落叶、杂草的果园，病叶率可下降12.3%。

② 抓好关键用药时期。金纹细蛾每年发生好几代，其中第1 代成虫盛发期即 5 月中下旬，发生整齐，易防治，后期各代多交叉发生，世代重叠，难于防治。因此应抓好第 1 代成虫盛发期，喷药防治效果较佳。

③ 选好对路农药。80%敌敌畏乳油 800 倍液喷雾。

④ 性诱剂诱杀。选用“XFD”诱蕊诱杀，它能诱杀 8～15 m 范围内的金纹细蛾成虫，一般每 667 m^2 地用 4～5 枚制成诱捕器。据资料，在潜叶蛾成虫盛发期，单个诱捕器每天可诱杀成虫 150 多头，可有效地防治金纹细蛾对果树的危害。

10. 梨星毛虫

梨星毛虫又名梨斑蛾（图 8-21），属鳞翅目斑蛾科。主要为害梨、苹果、山楂等果树。幼虫蛀食花芽、花蕾及嫩叶，花谢后幼虫吐丝将叶片缀合包成“饺子”状，在里面取食叶肉，叶片仅残留表皮和叶脉，呈网状。

梨星毛虫防治方法

① 冬季刮树皮并集中烧掉，消灭越冬幼虫。

② 大力敲振枝干，将幼虫和成虫振落后消灭；人工摘除虫苞，降低虫口密度。

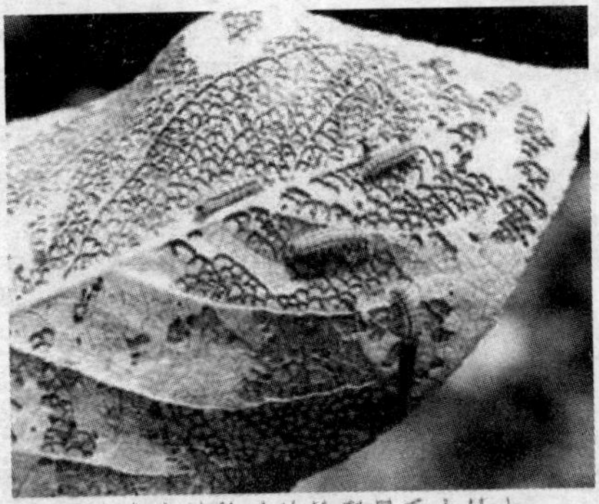

正在危害植物叶片的梨星毛虫幼虫

图 8-21　梨星毛虫

③ 在越冬幼虫出蛰上芽为害时，喷 1 次 80%敌敌畏 1 000 倍液或 2.5%溴氰菊酯 2 000 倍液等药剂，发生严重的山楂园，可在落花后再喷 1 次。

11．梨网蝽

梨网蝽又名梨花网蝽、梨冠网蝽、梨军配虫，俗名花编虫（图 8-22），属半翅目，网蝽科。为害梨、苹果、海棠、花红、沙果、桃、李、杏等果树。

被害叶正面形成苍白斑点，背面因虫所排出的斑斑点点褐色粪便和产卵时留下的蝇粪状黑点，使整个叶背面呈现出锈黄色，极易识别。受害严重时候，使叶片早期脱落。

梨网蝽防治方法

① 人工防治：成虫春季出蛰活动前，彻底清除果园内及附近的杂草、枯枝落叶，集中烧毁或深埋，消灭越冬成虫。9 月份树干上束草，诱集越冬成虫，清理果园时一起处理。

图 8-22　梨网蝽

② 化学防治：关键时期有两个：一个是越冬成虫出蛰至第 1 代若虫发生期，最好在梨树落花后，成虫产卵之前，以压低春季虫口密度；二是夏季大发生前喷药，以控制 7～8 月份为害。农药有：90%晶体敌百虫 1 000 倍液、50%杀螟松乳剂 1 000 倍液等，连喷两次，效果很好。

12．桃小食心虫

桃小食心虫简称桃小，俗名猴头、豆沙馅（图 8-23）。此虫分布广泛，是我国北部、西北部苹果、梨、山楂等果树的主要害虫。在管理粗放的梨园中，虫果率高达50%以上，严重影响果实质量和梨果产量。属鳞翅目，蛀果蛾科 初孵化幼虫，从萼洼附近或果实胴部蛀入果内，蛀入孔流出透明的水珠状果胶滴，数日后果胶滴干为白色粉状物，随着果实长大，入果孔愈合一针尖大小的小黑点，周围稍凹陷，呈青绿色。幼虫蛀入后在果内纵横串食或直入果心蛀食。早期为害严重时，使果实变形，表面凹凸不平，俗称猴头果。被害果实渐变黄色，果肉僵硬，又俗称黄病。果实近成熟期被害，一般果形不变，但果内虫道充满大量虫粪，俗称豆沙馅。幼虫老熟后，在果面咬一直径2～3 mm的圆形脱果孔，虫果容易脱落。

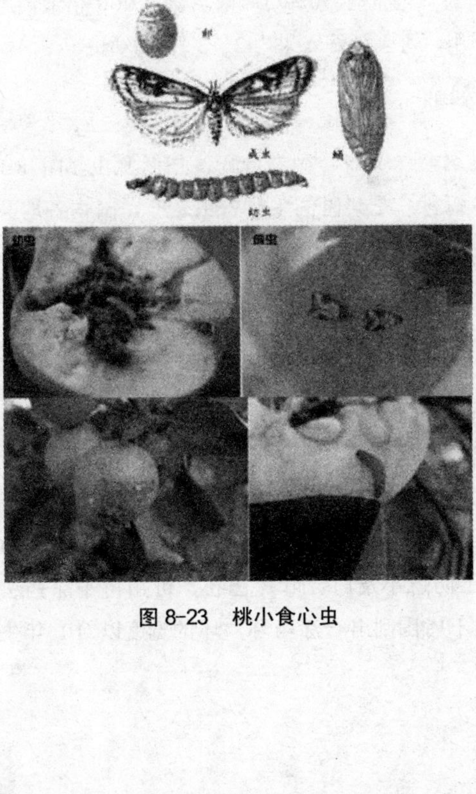

图 8-23 桃小食心虫

桃小食心虫的防治方法

① 人工防治：在早春越冬幼虫出土前，将树根颈基部土壤扒开 13～16 cm，刮除贴附表皮的越冬茧。果实受害后，及时摘除树上虫果和拾净落地虫果。

② 地面药剂防治：当越冬幼虫连续出土 3～5 d，且出土数量度日增时，或利用桃小性诱剂诱到第一关成虫时，向树盘及树冠下的梯田壁喷施药剂，杀死出土越冬幼虫。药剂有：25%对硫磷微胶囊剂或75%辛硫磷乳油。

③ 树上药剂防治：用药液主要消灭虫卵和初孵化的幼虫。当性诱剂诱捕器连续诱到成虫，树上卵果率 0.5%～1%时，开始进行树上喷药。药剂有 50%对硫磷乳油 1 000 倍液，对卵和幼虫均有触杀作用，可杀死蛀入果内 2～3 d的幼虫。

13. 梨蚜

梨蚜又名梨二叉蚜、梨卷叶蚜，俗名腻虫（图 8-24）。此虫属同翅目，蚜科，是梨树的主要害虫之一，国内各地梨区均有发生。梨蚜主要为害新梢叶片，被害叶向正面纵卷。为害严重时，造成早期落叶，影响当年产量和花芽分化。成虫、若虫群集芽、叶、嫩梢上吸食汁液。芽受害严重时，不能正常开放。梨叶受害后变畸形，使叶片向下面纵卷成筒状。

梨蚜防治方法

① 结合果园管理，及时摘除被害卷叶，集中处理。

② 在 4 月中旬花芽膨大至花蕾分离期，冬卵孵化后，但蚜虫尚未分散为害时，及时喷药防治。可喷 40%乐果乳油 1 000 倍液。

③ 由于防蚜不及时，叶片已卷，可用树干涂药法。先用刮皮刀，沿主干周围刮出一涂药环，环的宽度以 10 年生左右的梨

树，约 6 cm 宽即可。刮掉其上的粗皮，露出嫩皮，然后将 40% 乐果乳油或氧化乐果乳油，按一份药两份水配成稀释液，用毛刷涂在此环上，最后用塑料膜或废纸包扎好。一般 5 d 左右蚜虫中毒，7 d 左右全部死亡，但已经卷的叶片不会展平。因此，树干涂药法治蚜，宜早不宜晚。蚜虫被毒死后，应尽快取下包扎物，以免树体中毒或伤口腐烂。

图 8-24　梨蚜

14. 金龟子类害虫

金龟子类害虫有多种，为害梨树的金龟子主要有东方金龟子、苹毛金龟子和小青花金龟子（图 8-25）等几种。梨受金龟子为害主要是发芽到展叶期较重，成虫食害梨芽和花，致不能展叶，造成严重减产。

以成虫危害葡萄、山楂、苹果、梨、桃、杏、柑橘、板栗等多种果树及林木、蔬菜、花卉和农作物等。食性很杂，危害花、叶、果、幼芽及近成熟期的果实。常群集危害。

图 8-25　金龟子类害虫

金龟子类害虫防治方法

① 成虫喜在花器或伤果上群集危害，可用捕虫网捕捉成虫集中杀死。

② 虫量大时可喷药，可选用杀灭菊酯、灭扫利、功夫菊酯 2 000 倍液，混以乙酰甲胺磷或敌敌畏 1 000 倍液（按 1∶1 的比例配制）喷洒。

梨树栽培管理年历

月份	物候期及管理中心	栽培管理技术
1～2月份	物候期 休眠期 春梢期 管理中心 冬季清园促梢	1. 冬季修剪：11～12份月末完成冬季修剪的果园，继续完成冬季修剪。冬季修剪是梨园重要的修剪工作，修剪时应针对中心干、主枝和副主枝、辅养枝、结果枝组、短果枝群、衰老树等不同情况进行修剪。 （1）中心干修剪：结果树仍需继续扩冠时，在中心干延长枝上选留中上部壮芽处短截 1/5～1/3；树势中等，不必扩冠的利用弱枝换头，削弱长势；生长势强、树冠高大、分枝多的（具 6～9 条主枝）可在具有三叉枝处截顶“落头开心”，打开光路。 （2）主枝和副主枝的修剪：初结果树易因枝条分生角度较小而形成狭窄树冠，树势偏旺，不易形成花芽，应采用轻剪和撑、拉、吊及弱枝换头开张枝角；主枝延长枝短截一般为 30～40 cm，生长势强的轻短截，生长势弱的重短截；已封行主、副枝交叉的，对延长枝可适当回缩至第三年生枝的隐芽部位。 （3）辅养枝修剪：幼龄树适当多留辅养枝，增强树势，结果树可采取去直立、留平斜；去强留弱或缓放一年生中庸枝，当辅养枝影响主枝、副主枝生长时应及时回缩。 （4）结果枝组修剪：应掌握轮换更新。小枝组只要结果正常，可不修剪。若生长转弱，可疏除部分弱枝芽，生长过弱适当短截复旺。大中型枝组注意保持中庸长势，生长过强的可去强留弱进行控制。生长过弱的回缩复壮。

续表

月份	物候期及管理中心	栽培管理技术
		（5）短果枝群修剪：根据树势，对短果枝进行不同的修剪处理。树势中庸健壮，根据合理挂果量确定短果枝数量，疏除多余短果枝。树势转弱，结果能力下降时，应疏除弱枝弱芽、短截中果枝进行复壮。疏剪时疏中留侧、疏下留上、疏弱留强、疏密留稀、疏远留近。 （6）衰老树修剪：对骨干枝进行回缩更新，回缩至骨干枝下部有健壮分枝处，对结果枝组亦进行疏剪或缩剪至强枝壮芽处。 2. 物资准备：备足肥料、农药、维修机具。 3. 施基肥：提倡秋施基肥，但对上年未秋施基肥的树，应在此时期施完基肥。 4. 病虫害防治： （1）刮树皮防治病虫害，每年或隔年在修剪之后，应给树干、主枝等骨干枝刮皮，以防除活在树皮缝中越冬隐藏的红蜘蛛、食心虫类害虫卵。对患有腐烂病的梨树应将病疤处的树皮刮净，并刮至木质部。刮下的树皮应立即烧掉。 （2）病害发生严重的果园，在果树发芽前喷一次 3～5 波美度的石硫合剂，减少病虫发生。
3 月	物候期 春梢期 开花 管理中心 促梢促花	1. 土壤管理：平地果园翻耕土壤，山地果园应将树盘下的土壤普遍翻耕一次，对水土保持设施进行维修。有地面灌溉的梨园应修好渠道。 2. 追肥：梨园全年的施肥量，可按历年平均产量计算，一般亩产 50 kg果实，施纯氮 150～200 g，氮、磷、钾的比例可按 1∶0.4∶1 施用。上年秋或当年春追已施过基肥的树，此时可追施全年追肥量（氮）的 1/3，未施过基肥的可追施全年追肥量（氮）的 2/3。对未施基肥或施过基肥未混入磷肥的梨树，此期将全年磷肥 1 次施入。

续表

月份	物候期及管理中心	栽培管理技术
		3. 补植：缺株的梨园或缺乏授粉树的梨园，在此时补栽树苗。 4. 高接换优：对品质低劣的品种，可在此时采用枝接法高接优良品种或优良授粉品种。 5. 病虫害防治：主要防治梨木虱、梨二叉蚜、梨星毛虫等。 （1）梨木虱、梨二叉蚜防治：萌芽期喷一次30%灭蛾净乳油800倍液或40%水胺硫磷1 000倍+害立平或解抗灵。 （2）梨星毛虫防治：30%灭蛾净乳油800倍液、28%硫氰乳油1 000～1 500倍，或60%水胺硫磷1 000倍、2.5%功夫菊酯乳油3 000倍液。 （3）剪除病虫梢：在梨黑星病重的果园，当新梢生长至5 cm左右时，及时剪除病芽梢，减轻黑星病菌的再侵染；在梨茎蜂危害重的果园，当新梢生长至15 cm 左右时，及时剪除为害梢。
4月	物候期 春梢期 第一次生理落果期 管理中心 壮梢 保花保果	1. 疏花：从花序伸出至开花末期进行。要视植株上花量的多少进行。（1）对弱花序、弱枝组上的花序、延长果枝头上的花序、着生在枝杈间的花序、枝组基部的花序、大年时长果枝的枝顶和腋处着生的花序，全部疏除。疏花以后的留花间距，大型果如雪花梨、鸭梨可为15～20 cm，小型果可小些；（2）对上强下弱、外强内弱的树，上强枝上的花序应少疏或不疏，弱枝、下垂枝、角度小的枝，中小型果的花序应少疏；（3）坐果率低的品种应少疏；（4）花期遇雨或有风害时应不疏；（5）疏除整个花序时，必须留下叶簇，因叶簇处能形成新的花序。 2. 水分管理：4 月进入雨季，低温阴雨会加重第一次生理落果。平地果园修筑排水沟，注意排水，防止果园积水。 3. 保花保果： （1）品种单一、授粉树不足的应尽早补栽授粉树；

续表

月份	物候期及管理中心	栽培管理技术
4月	物候期 春梢期 第一次生理落果期 管理中心 壮梢 保花保果	（2）高接授粉品种或花期树上挂花枝（罐内盛水，将授粉花枝插入罐内，挂于树上）；（3）花期喷 0.2～0.5%硼酸，5～10 mg/kg 2，4-D，15mg/kg 萘乙酸钠，1 000 mg/kgB9+800～1 000 倍醋精；（4）初结果树及无授粉条件的应人工授粉；（5）生长过旺的初结果树及徒长性结果枝，环剥、环割、环扎等处理进行保果。 4. 追肥：谢花后或幼果膨大初期，根据树势状况进行根外追肥，根钱追肥时应考虑梨树对微量元素的需要。树势强的可不施或少施，以防枝梢与果实争夺养分引起大量落果。常用肥料及浓度，尿素 0.3%～0.5%，人尿 5%～10%，过磷酸钙 2%～3%，硼 0.2%～0.5%，硫酸亚铁 0.5%，锌 0.3%～0.5%等。 5. 病虫害防治：梨大食心虫危害严重的果园，在梨大食心虫转芽时（即危害一个芽后转到另一个芽上危害），喷 1 500 倍，加 50%敌百虫，或 1 000 倍 50%辛硫磷乳剂，或 40%水胺硫磷加害立平或 0.3%优质洗衣粉，兼治梨实蜂、星毛虫、梨瘿蛾等。
5月	物候期 春梢期 第二次生理落果期幼果发育期 管理中心 壮梢保果	1. 疏果：疏花以后，坐果率仍很高，单株负载量大时，需进行疏果。疏果时间自第一次生理落果后开始至 5 月中旬左右，即在幼果脱去花萼时进行。花萼不脱落者，在第三次生理落果以后进行。疏果时要留边果，即 1 个花序上同时结几个果，留边上的 1 个果。大型果 1 个花序留 1～2 个果，小型果可留 2～3 个果。 2. 果实套袋：结合疏果彻底疏除梨实蜂和梨大食心虫为害果，消灭其中害虫，套袋前全园用杀菌剂喷药一次，然后用外黄内黑或外黄内黑加红纸的双层纸袋进行果实套袋。 3. 施肥：5 月下旬应追施全年计划施用氮肥的 1/3～2/3。如有草木灰等钾肥，也可在此时施用。追肥之后要灌水、松土、除草。5 月下旬开始，每 15 d 左右叶面喷施 0.3%～0.4%的尿素和 0.2%～0.3%磷酸二氢钾 1 次，或绿芬威、绿风 95 等叶面肥连续喷 2～3 次。

续表

月份	物候期及管理中心	栽培管理技术
		4. 根外追肥：5月份仍需进行，根据树势状况进行根外追肥，根外追肥时应考虑梨树对微量元素的需要。树势强的可不施或少施，以防枝梢与果实争夺养分引起大量落果。常用肥料及浓度，尿素0.3%～0.5%，人尿5%～10%，过磷酸钙2%～3%，硼0.2%～0.5%，硫酸亚铁0.5%，锌0.3%～0.5%等。 5. 病虫害防治：见6月。 6. 幼树整形：见6月。
6月	物候期 夏梢期第三次生理落果期花芽分化期 管理中心 促梢保果促花芽分化	1. 吊枝、撑枝： （1）结果树：对结果多的大树的大枝，应该用绳吊起来或用支柱支撑起来，防止果枝被压折。 （2）幼龄树：幼龄树主枝角度直立者，可进行撑枝、拉枝、撑枝等处理，以达到开张角度的目的，对过长枝摘心，拉枝后中度短截促发壮梢。 2. 水分管理：灌水与抗旱是6月份重要田间作业。既要防旱抗旱，又要注意暴雨，大雨过后及时排涝，当土壤接近干旱时就要及时灌水，并进行树盘覆保湿，抑制杂草滋生作用。中耕除草。根据天气情况，可灌水1～2次，灌后中耕松土。 3. 病虫害防治：6月中旬喷石灰倍量式200倍波尔多液。对易受药害的京白梨等品种，可喷石灰多量式400倍波尔多液，也可用50%多菌灵800倍液。根据情况酌情加杀虫剂。 4. 土壤管理：进入5月末，梨树根系进入生长旺盛时期，应保持果盘土壤疏松，进行果盘覆盖，使根系有良好的生长环境。
7月	物候期 夏梢期果实发育期、花芽分化期 管理中心	1. 施肥：为加速果实膨大和促进花芽分化，本月应施壮果肥，以氮肥及钾肥混合对水施入。 2. 水分管理：灌水与抗旱同样是7月份重要田间作业。既要防旱抗旱，又要注意暴雨，大雨过后及时排涝，当土壤接近干旱时就要及时灌水，并进行树盘覆保湿，抑制杂草滋生作用。中耕除草。根据天气情况，可灌水1～2次，灌后中耕松土。

续表

月份	物候期及管理中心	栽 培 管 理 技 术
	壮梢保果	3. 吊枝、撑枝： （1）结果树：对结果多的大树的大枝，应该用绳吊起来或用支柱支撑起来，防止果枝被压折。 （2）幼龄树：幼龄树主枝角度直立者，可进行撑枝、拉枝、撑枝等处理，以达到开张角度的目的，对过长枝摘心，拉枝后中度短截促发壮梢。 4. 除草压肥：在雨季利用清除杂草压绿肥。 5. 病虫害防治：7 月中旬左右，以防梨小食心虫为主的梨园，可喷 1 000 倍 50%辛硫磷，或 1 000 倍 50%的杀螟松乳剂，以防治梨黑星病为主的梨园，可喷石灰倍量式 200 倍波尔多液，红蜘蛛严重时可加 3 500 倍扫螨净，若用时防治梨小食心虫和梨黑星病，可喷 800 倍 50%多菌灵，加上述防梨小食心虫的药剂。
8 月	物候期秋梢抽生果实成熟花芽分化管理中心 控秋梢采收	1. 采收：果实陆续成熟，进行采收。采收宜选择晴天露水干后，采收时应注意保存完整的果梗，提高外观品质及耐贮性。采摘时用手握住果实轻轻向上一托即可摘下，忌用 力向下拉扯，以免损伤果台和花芽。 2. 施采果肥：采果肥宜在采果后及时施入，有助于恢复树势，促进花芽分化，施肥量一般占全年施肥量的 60%～70%，磷全部施入，钾占 30%～40%，以腐熟的农家肥为主，配合施用速效肥。 3. 控秋梢：秋梢于立秋后抽生，白露后停止生长，除桂南外，抽出的秋梢未老熟即进入休眠期，对生长结果不利，因此，应疏除秋梢。 4. 病虫害防治：诱杀害虫：晚熟品种，在 8 月中旬或下旬，在树干周围绑上稻草，引诱梨小食心虫在此越冬，待落叶前将草绑解下烧掉；8 月中旬左右，可再喷 1 次波尔多液，防治黑星病和轮纹病，加 500 倍 50%敌百虫，防治梨小食心虫和刺蛾等。

续表

月份	物候期及管理中心	栽培管理技术
9月	物候期 果实成熟花芽分化 管理中心 控秋梢 采收	1. 采收：中迟熟品种果实陆续成熟，进行采收。采收宜选择晴天露水干后，采收时应注意保存完整的果梗，提高外观品质及耐贮性。采摘时用手握住果实轻轻向上一托即可摘下，忌用力向下拉扯，以免损伤果台和花芽。 2. 施采果肥：中迟熟品种采果后及时施入，有助于恢复树势，促进花芽分化，施肥量一般占全年施肥量的 60%～70%，磷全部施入，钾占 30%～40%，以腐熟的农家肥为主，配合施用速效肥。 3. 控秋梢：秋梢于立秋后抽生，白露后停止生长，除桂南外，抽出的秋梢未老熟即进入休眠期，对生长结果不利，因此，应疏除秋梢。
10月	物候期 秋梢抽生果实成熟 管理中心 控秋梢	1. 喷药：8 月中旬左右，可再喷 1 次波尔多液，防治黑星病和轮纹病，加500倍50%敌百虫，防治梨小食心虫和刺蛾等。 2. 诱杀害虫：晚熟品种，在 8 月中旬或下旬，在树干周围绑上稻草，引诱梨小食心虫在此越冬，待落叶前将草绑解下烧掉。 3. 中迟熟品种果实继续成熟，进行采收。 4. 控秋梢：秋梢于立秋后抽生，白露后停止生长，除桂南外，抽出的秋梢未老熟即进入休眠期，对生长结果不利，因此，应疏除秋梢。
11～12月	物候期 落叶期相对休眠期 管理中心 冬季清园	1. 冬季清园：在 11 月份进行冬季清园，把落叶、病虫果、枯枝清扫干净，集中深埋或烧掉。 2. 刮树皮：见 1 月份。 3. 树干涂白：涂白能减轻冻伤及日烧并能防治病虫害。涂白剂的配置，水 10 份，生石灰 3 份，石硫合剂原液 0.5 份，食盐 0.5 份，动植物油脂少许。配置时先化开生石灰，把油脂倒入充分搅拌，再加水调成石灰乳，最后放入石硫合剂原液及盐水，也可加粘着剂，以延长涂白的期限。 4. 灌冻水：有冻害的地方，在 11 月上中旬进行土壤灌水 1 次，预防梨树受冻。

续表

月份	物候期及管理中心	栽培管理技术
		5. 冬季修剪：冬季修剪是梨园重要的修剪工作，修剪时应针对中心干、主枝和副主枝、辅养枝、结果枝组、短果枝群、衰老树等不同情况进行修剪。 （1）中心干修剪：结果树仍需继续扩冠时，在中心干延长枝上选留中上部壮芽处短截 1/5～1/3；树势中等，不必扩冠的利用弱枝换头，削弱长势；生长势强、树冠高大、分枝多的（具 6～9 条主枝）可在具有三叉枝处截顶“落头开心”，打开光路。 （2）主枝和副主枝的修剪：初结果树易因枝条分生角度较小而形成狭窄树冠，树势偏旺，不易形成花芽，应采用轻剪和撑、拉、吊及弱枝换头开张枝角；主枝延长枝短截一般为 30～40 cm，生长势强的轻短截，生长势弱的重短截；已封行主、副枝交叉的，对延长枝可适当回缩至第三年生枝的隐芽部位。 （3）辅养枝修剪：幼龄树适当多留辅养枝，增强树势，结果树可采取去直立、留平斜；去强留弱或缓放一年生中庸枝，当辅养枝影响主枝、副主枝生长时应及时回缩。 （4）结果枝组修剪：应掌握轮换更新。小枝组只要结果正常，可不修剪。若生长转弱，可疏除部分弱枝芽，生长过弱适当短截复旺。大中型枝组注意保持中庸长势，生长过强的可去强留弱进行控制。生长过弱的回缩复壮。 （5）短果枝群修剪：根据树势，对短果枝进行不同的修剪处理。树势中庸健壮，根据合理挂果量确定短果枝数量，疏除多余短果枝。树势转弱，结果能力下降时，应疏除弱枝弱芽、短截中果枝进行复壮。疏剪时疏中留侧、疏下留上、疏弱留强、疏密留稀、疏远留近。 （6）衰老树修剪：对骨干枝进行回缩更新，回缩至骨干枝下部有健壮分枝处，对结果枝组亦进行疏剪或缩剪至强枝壮芽处。

参考文献

[1] 河北农业大学．果树栽培学各论．北京：中国农业出版社，2002.
[2] 浠荣庭，等．果树栽培学总论．北京：中国农业出版社，2003.
[3] 张鹏．梨树整形修剪图说．北京：金盾出版社，2002.
[3] 贾敬贤．梨树高产栽培．北京：金盾出版社，2002.
[4] 于新刚．梨新品种使用栽培技术．北京：中国农业出版社，2005.
[5] 北京农业大学．果树昆虫学．北京：中国农业出版社，1987.
[6] 浙江农业大学．果树病理学．上海：上海科学技术出版社，1987.
[7] 陕西省仪祉农业学校．果树病虫害防治学．北京：中国农业出版社，1995.
[8] 李道德，等．果树栽培．北京：中国农业出版社，2001.